P. L. Panum

Physiologische Untersuchungen über das Sehen mit zwei Augen

P. L. Panum

Physiologische Untersuchungen über das Sehen mit zwei Augen

ISBN/EAN: 9783955623449

Auflage: 1

Erscheinungsjahr: 2013

Erscheinungsort: Bremen, Deutschland

@ Bremen-university-press in Access Verlag GmbH, Fahrenheitstr. 1, 28359 Bremen. Alle Rechte beim Verlag und bei den jeweiligen Lizenzgebern.

PHYSIOLOGISCHE UNTERSUCHUNGEN

ÜBER DAS

SEHEN MIT ZWEI AUGEN.

VON

Dr. P. L. PANUM,
Professor der Physiologie in Kiel.

Mit 57 Bildern.

KIEL,
SCHWERSSCHE BUCHHANDLUNG.
1858.

Vorwort.

Indem ich die Absicht habe, eine Sammlung experimenteller Arbeiten herauszugeben, die ich in den fünf Jahren meines Hierseins in dem unter meiner Leitung befindlichen physiologischen Laboratorio ausgeführt habe, konnte ich mich anfangs nicht recht dazu entschliessen, vorliegende Arbeit für sich erscheinen zu lassen, da ich meinen Fachgenossen lieber **vorher** eine meiner, den Vorgängen des vegetativen Lebens zugewandten Hauptrichtung angehörige Schrift vorgelegt hätte. Diese rein persönliche Rücksicht durfte indess nicht bestimmend sein, da ich die vorliegende Untersuchung zu einem Abschluss gebracht hatte, der mir ihr Erscheinen, beim gegenwärtigen Standpunkte der betreffenden Fragen, gerade jetzt als zeitgemäss erscheinen liess. Dazu kam noch, dass die Bilder in gegenwärtiger Arbeit ein Quartformat nothwendig machten, während ich für die anderen experimentellen Beiträge ein Octavformat vorziehen würde, und endlich wollte ich mehrere derselben, nachdem sie jahrelang, zu einem gewissen Abschluss gebracht, geruht haben, einer nochmaligen experimentellen Revision unterwerfen, wodurch ihre Herausgabe noch etwas verzögert werden wird. Wenn ich mich in vorliegender Arbeit vielfach genöthigt sah, manchen von sehr ausgezeichneten Forschern gegenwärtig besonders beliebten Auffassungen und Erklärungsweisen entgegenzutreten, so hoffe ich es in einer objectiven, die Persönlichkeiten meiner Gegner nicht verletzenden Weise gethan zu haben. Wer die besonderen Schwierigkeiten des behandelten, an das Gebiet der Psychologie zum Theil austreifenden Gegenstandes kennt, wird hoffentlich diese Arbeit milde beurtheilen.

Kiel, Anfang April 1858.

P. L. Panum.

Einleitung.

Dass man beim Sehen mit zwei Augen die Dinge anders sieht, als mit einem Auge, ist eine, namentlich seit Wheatstone's Erfindung des Stereoskops, Allen bekannte Thatsache. Jeder kennt die eigenthümliche Wahrnehmung des Körperlichen und der Tiefe beim Betrachten stereoskopischer Bilder oder körperlicher Gegenstände. Fast Jeder kennt auch die merkwürdigen Empfindungen des Glanzes, des Abwechselns der Farben und der unter gewissen Umständen wahrgenommenen Farbenverschmelzung, wenn von zwei verschiedenen Farben die eine dem rechten und die andere dem linken Auge dargeboten wird. Dennoch darf ich behaupten, dass die hieher gehörigen Erscheinungen nur noch sehr unvollständig gekannt und untersucht sind. Manche auffallende, zum Theil ganz neue Wahrnehmungen, die ich bei einer Untersuchung über verschiedene Punkte der Lehre vom Sehen mit zwei Augen machte, forderten mich auf, eine consequent durchgeführte Analyse des gemeinschaftlichen Gesichtsfeldes zu unternehmen. Statt zusammengesetzter Bilder, welche die Beobachtung der einzelnen Momente unendlich erschweren, und welche den denkenden Untersucher verwirren, nahm ich gleichsam die Elemente, aus denen ein solches Bild besteht, nämlich die verschiedenen Contouren und Flächen, einzeln vor. Ich untersuchte dann die eigenthümlichen Wahrnehmungen im gemeinschaftlichen Gesichtsfelde, welche aus dem Verschmelzen oder der Wechselwirkung der mehr oder weniger von einander verschiedenen, elementären Eindrücke beider Netzhautbilder hervorgehen. Ich habe die Freude gehabt, dass diese Untersuchung der Wechselwirkung der Contouren beider Gesichtsfelder mir neue positive Thatsachen geliefert, und andere, bereits bekannte, in ein klareres Licht gestellt hat.

    Eine experimentelle Prüfung der verschiedenen Erklärungen mehrerer bereits bekannter, hieher gehöriger Thatsachen war der Ausgangspunkt dieser Arbeit. Es wurde mir schon bei dieser vorläufigen Untersuchung sehr wahrscheinlich, dass die psychischen Erklärungen hier in viel zu weitem Umfange angewandt wurden, und dass das Moment der rein sinnlichen Empfindung dabei vernachlässigt war; zugleich aber wurde es mir klar, dass die Thatsachen noch viel zu unvollständig gekannt seien, als dass man, mit einiger Aussicht auf bleibenden Erfolg, Theorien auf ihnen bauen könnte. Das Streben nach einer besseren Einsicht in den ursächlichen Zusammenhang der mannigfaltigen, hieher gehörigen Erscheinungen, musste sich natürlich auch im Fortgange der Arbeit, bei der mehr systematischen Untersuchung geltend machen. Ich enthielt mich indess vor der Hand eines jeden Versuchs, Theorien aufzubauen, welche auf die letzten Ursachen zurückgingen, sondern suchte zunächst auf empirischem Wege die Bedingungen festzustellen, welche für die verschiedenen eigenthümlichen Wahrnehmungen im gemeinschaftlichen Gesichtsfelde geboten sind. Hierdurch, hoffe ich, ist es mir gelungen, eine nicht ganz geringe Zahl von Thatsachen festzustellen, und den Nachweis zu führen, dass viele Wahrnehmungen, die man bisher gewöhnlich auf psychische Thätigkeiten zurückzuführen pflegte, von der reinen Sinnlichkeit, von specifischen Nervenenergien abzuleiten sind. Diese Feststellung neuer Thatsachen, und die Eroberung eines bisher gewöhnlich der Psychologie vindicirten Terrains für die Physiologie, ist das Verdienst, das diese Arbeit beanspruchen möchte. Nachdem ich die Wechselwirkung der verschiedenen Combinationen je zweier Netzhautbilder, bei ihrer Vereinigung im gemeinschaftlichen Gesichtsfelde, kennen gelernt, und ihre Bedingungen ermittelt hatte, stellte ich die gewonnenen Resultate am Ende jedes der drei Capitel mit den bisher bekannten Thatsachen und Erklärungen zusammen, um den Ueberblick zu erleichtern und um eine einheitliche theoretische Auffassung vorzubereiten. Wohl fühlend, dass eine vollständige einheitliche Theorie, welche auf die letzten Ursachen zurückgeht, als dem Grenzgebiete unseres Wissens angehörig, noch nicht durchgeführt werden kann, und vielleicht niemals wird durchgeführt werden können, hätte ich gern hiermit die Arbeit beschlossen! Wenn ich dennoch im Schlusswort einen Versuch gemacht habe, die Art und Weise, wie die eigenthümlichen Empfindungen des gemeinschaftlichen Gesichtsfeldes zu Stande kommen, näher festzustellen, und zum Theil auf die Anordnung der Nervenelemente zurückzuführen, so bin ich mir dabei sehr wohl bewusst gewesen, dass dieser Erklärungsversuch nur eine Hypothese ist, der ich selbst keinen weiteren Werth beilege, als dass sie dem Gedächtniss und der Auffassung zu Hülfe kommt. In einem ganz kurzen Resumé habe ich zuletzt die allerwichtigsten Resultate der Arbeit zusammengefasst.

Die meisten Beobachtungen und Versuche, die hier in Betracht kommen, lassen sich sehr bequem mittelst eines gewöhnlichen, käuflichen Linsenstereoskops anstellen. Da dies Instrument, der schönen stereoskopischen Photographien halber, eine weite Verbreitung, auch ausserhalb des eigentlichen Kreises der Naturforscher, gefunden hat, und daher in Vieler Händen ist, habe ich die Objecte so in den Text eindrucken lassen, dass der Leser nur sein Stereoskop darüber zu stellen braucht, um meine Angaben zu controliren. Bezüglich der Schwierigkeiten, auf die der Eine oder Andere für das Zusammenbringen der Objecte stossen möchte, muss ich auf das in 2ter Abth. Cap. 1. B. Angeführte verweisen. Dass die besprochenen Erscheinungen dies Zusammenbringen mit Nothwendigkeit voraussetzen, versteht sich wohl von selbst.

Uebrigens habe ich ein eignes Instrument angefertigt, das für alle hieher gehörigen und für mehrere andere verwandte Versuche geeignet ist. Dasselbe besteht aus zwei inwendig geschwärzten Papprühren, die, wie bei dem allereinfachsten von Wheatstone angegebenen Instrumente, um senkrechte Achsen drehbar sind. Statt aber den Drehpunkt in die Mitte des Rohrs zu verlegen, habe ich ihn am vorderen Rande angebracht, so dass die Drehung beliebig verändert werden kann, ohne den Abstand der den Augen zugewandten Oeffnungen von einander zu verändern. Dies ist dadurch bewerkstelligt, dass die Papprühren in breite messingene Ringe eingeschoben werden, welche, von beweglichen Messingsäulchen getragen, an einem Gestell von gleichem Metall befestigt sind. Die Grösse der Drehung kann mittelst eines Gradbogens mit einem Zeiger näher bestimmt werden. Der Abstand der Mittelpunkte der Röhren kann ferner dadurch verändert und bestimmt werden, dass die mit den Messingringen versehenen Säulchen in horizontaler Richtung verschoben werden können. Nach Bedürfniss können längere oder kürzere Papprühren in die Messingringe eingeschoben werden, und die Papprühren können offen bleiben oder es können Oculare mit convexen oder concaven Gläsern in dieselben eingesetzt werden. Vorn kann jede Röhre ferner mittelst eines mit einem Spalt versehenen Deckels verschlossen werden, und bei der Drehung dieser Deckel kann der Convergenzwinkel, den die Spalten beider Deckel mit einander bilden, gemessen werden. Das messingene Gestell, das die Pappröhren trägt, kann an ein kleines Tischchen angeschraubt werden, das, auf einen gewöhnlichen Tisch gestellt, die Pappröhren in eine für den sitzenden Beobachter passende Höhe bringt. Die wagerechte Bewegung der mittelst des Gestelles am Tischchen befestigten Pappröhren ist dadurch gesichert, dass sie sich zwischen zwei horizontalen Brettchen bewegen, deren Entfernung von einander der Dicke der Pappröhren entspricht. — Mittelst dieses Instruments, durch welches man, auch ohne Gläser, mit Leichtigkeit alle hier in Betracht kommenden Versuche anstellen kann, habe ich immer die durch das gewöhnliche Linsenstereoskop gemachten Beobachtungen controlirt.

Bevor ich aber zur Darlegung meiner eigentlichen Untersuchung schritt, stellte ich im ersten Capitel der ersten Abtheilung die Thatsachen, welche bezüglich unseres Gegenstandes schon bekannt waren, mit den für dieselben gelieferten Erklärungsversuchen zusammen. Ich hoffe dadurch den Standpunkt nachgewiesen zu haben, den die meisten Forscher bisher diesen Fragen gegenüber einnahmen. Dies durfte ich um so weniger unterlassen, als der Ausgangspunkt meiner Arbeit, wie gesagt, eine experimentelle Prüfung mehrerer durch diese früheren Untersuchungen begründeten Ansichten war. Ich hatte deshalb anfangs versucht, die Besprechung derselben ganz mit der Darlegung meiner Untersuchung zu verflechten, kam aber von diesem Beginnen zurück, weil ich fand, dass der ohnehin bei einer solchen Arbeit nicht leichte Ueberblick dem Leser dadurch noch bedeutend erschwert werden würde. Im zweiten Capitel der ersten Abtheilung habe ich dann meinen Standpunkt vor der gegenwärtigen Arbeit angegeben, indem ich die Zweifel entwickelte, welche die bis dahin vorliegenden Thatsachen an der Richtigkeit der gegebenen Erklärungen bei mir aufkommen liessen.

Erste Abtheilung.

Erstes Capitel.
Kurze Darstellung der bereits bekannten Erscheinungen und ihrer Erklärungsversuche.

Ueber die Erscheinungen des Glanzes und über die unter Umständen zu beobachtende Verschmelzung der Farben beim binoculären Sehen, wenn verschiedene Farben den einzelnen Augen dargeboten werden, haben Dove, Brücke, Helmholz, Brewster u. A. schöne Untersuchungen angestellt, deren Resultate, wenn auch noch nicht in allen Punkten zum Abschluss gebracht, doch die Theorie dieses Abschnitts der Lehre vom Sehen sehr wesentlich gefördert haben. Dagegen hat sich auffallender Weise der Einfluss der Verschiedenheit der Contouren beider Netzhautbilder auf die im gemeinschaftlichen Gesichtsfelde wahrnehmbaren Erscheinungen keiner so eingehenden Untersuchung zu erfreuen gehabt. Wenn ich aber ein möglichst kurzes historisches Referat über das Wichtigste, das ich über diesen Gegenstand in der Literatur angezeichnet finde, meinen eignen Versuchen werde vorausgeschickt haben, wird es einigermassen begreiflich erscheinen, wie eine ins Detail gehende Untersuchung, gerade bezüglich der Contouren, welche den Ausgangspunkt für die ganze neuere Lehre vom binoculären Sehen bildete, bisher in so auffallender Weise vernachlässigt werden konnte.

Wheatstone machte in seiner berühmten Arbeit*) bekanntlich zuerst in eindringlicher Weise darauf aufmerksam, dass beim Betrachten eines nahen körperlichen Gegenstandes zwei wesentlich verschiedene Bilder auf den Netzhäuten entworfen werden, und dass wir denselben mit dem linken Auge anders als mit dem rechten, und mit beiden Augen anders als mit einem Auge sehen. Er schloss hieraus, dass zwei verschiedene Zeichnungen für die verschiedenen Projectionen beider Augen nothwendig seien, um einen Körper ganz so darzustellen, wie wir ihn mit zwei Augen sehen, und dass man dann diese, nach verschiedenen Projectionen gezeichneten Bilder, durch entsprechende Einstellung der Augenachsen vereinigen oder zusammen sehen müsse. Dieser glückliche Gedanke führte ihn zur Construction des Stereoskops und der stereoskopischen Bilder, deren an das Magische grenzender Effect, bezüglich der dritten Dimension des Raumes, der Tiefe, nunmehr einem Jeden bekannt, seine Vermuthung auf das Glänzendste bestätigte. Dass die zwei wesentlich verschiedenen Netzhautbilder beim Sehen mit zwei Augen

---

*) Ch. Wheatstone aus London: Beiträge zur Physiologie des Gesichtssinnes, in Poggendorff's Annalen 1842. Bd. 51. (Ergänzungsband.) Nach Philos transact. 1838. Bd. II.

auf eine höchst eigenthümliche Weise mit einander zu einem einheitlichen körperlichen Bilde verschmelzen, war hierdurch wohl thatsächlich bewiesen. Die Erklärung dieser Thatsachen war aber sehr schwierig, und Wheatstone vermochte sie namentlich nicht mit der schon vor Haller's Zeiten begründeten Theorie von den sogenannten correspondirenden oder identischen Netzhautpunkten zu vereinbaren. Da es ganz einleuchtend war, dass zwei bezüglich ihrer Lage und Form verschiedene Bildobjecte unmöglich gleichzeitig auf identische oder correspondirende Netzhautpunkte fallen können, schloss Wheatstone, dass die Theorie der correspondirenden Netzhautpunkte, mit der Thatsache unvereinbar sei, der zufolge wir die verschiedenen Bilder einheitlich und zwar körperlich sehen, und dass diese Theorie also falsch sein müsse.

Brücke*) suchte gegen diesen Einwurf Wheatstone's die Theorie von den identischen Stellen der Netzhäute zu retten, indem er die Ansicht entwickelte, dass die Augenachsen, beim Betrachten eines nahen körperlichen Gegenstandes oder eines stereoskopischen Doppelbildes, fortwährend ihre Stellung verändern, und mit einer solchen Geschwindigkeit die verschiedenen, im Körper oder Bilde gegebenen Horopter durchlaufen sollten, dass die Nachbilder mit einander in ähnlicher Weise verschmelzen, wie bei der Betrachtung der stroboskopischen Scheiben. Er wies durch Berechnung nach, dass sehr kleine Augenbewegungen hierzu ausreichen würden, indem die Horopterabstände wachsen, wie die Tangenten der Drehungswinkel, und dass daher diese kleinen Bewegungen leicht rasch genug erfolgen könnten, damit die Nachbilder, die etwa $1/_6$ Secunde dauern, einander ablösen könnten. Hierdurch würde also das einheitliche Erscheinen der Bilder erklärt sein. Die Empfindung der dritten Dimension des Raumes, der Tiefe, könnte dann durch das Muskelgefühl erklärt werden, indem Gegenstände, die wir bei stärker convergirenden Augenachsen fixiren, uns näher erscheinen, als solche, die wir bei schwacher Convergenz der Augenachsen betrachten.

Dass jedoch auf diese Weise das Verschmelzen der beiden Netzhautbilder zu einem körperlichen Bilde nicht genügend erklärt werden kann, schien aus einem Versuche hervorzugehen, durch den Dove**) zeigte, dass das körperliche Sehen durch das Stereoskop auch bei der Beleuchtung durch den elektrischen Funken möglich ist, obgleich diese Beleuchtung nur etwa 0,0000001 Secunde dauert. Die Augenbewegungen, mittelst deren die verschiedenen Horopter des Bildes durchlaufen werden sollten, um das Verschmelzen der Nachbilder zu bewirken, und deren Empfindung die Wahrnehmung des Körperlichen wesentlich mit vermitteln sollte, sind natürlich bei einer so kurzen Dauer der Beleuchtung unmöglich gemacht.

Da die Lehre von den identischen Stellen der Netzhäute für die Theorie des Einfachsehens ganz unentbehrlich, und durch vielfache Erfahrungen geboten zu sein schien, die von Brücke im Obigen gegebene Erklärung aber ungenügend, und für manche Fälle gar nicht anwendbar war, musste man die Thatsache des einheitlich körperlichen Sehens mit zwei Augen auf andere Weise zu erklären suchen, und zwar so, dass der Widerspruch mit der Lehre von den identischen Stellen der Netzhäute wegfallen würde.

Man hat demnach gemeint, dass Doppelbilder bei der Verschiedenheit der Contouren beider Netzhautbilder freilich unvermeidlich seien, sie seien auch vorhanden, aber wir beachteten sie nur nicht weiter, als dass wir durch das Undeutliche und Nebelhafte derselben in einer unbestimmten Weise afficirt würden, welche die Wahrnehmung der dritten Dimension des

---

*) E. Brücke: Ueber die stereoskopischen Erscheinungen und Wheatstone's Angriff auf die Lehre von den identischen Stellen der Netzhäute. J. Müller's Archiv für Anatomie und Physiologie 1841.
**) Dove in den Monatsberichten der Berliner Akademie 1841 S. 251.

Raumes, der Tiefe, wesentlich mit begründe. Hierzu könnten folgende Umstände besonders beitragen. Einmal treffen die Doppelbilder meist Theile der Netzhaut, die an sich nicht scharf sehen, indem die Augenachsen sich für die Punkte der Bilder oder Körper einstellen, die wir gerade fixiren. Diese sehen wir daher einfach, mit den correspondirenden Stellen der Netzhautpartien, welche am deutlichsten sehen, während die Doppelbilder mehr seitlich auf Netzhauttheile fallen, die weniger scharf sehen. Dazu kommt noch, dass die Helligkeit und Deutlichkeit der mit zwei identischen Punkten gesehenen Bilder grösser ist, als beim monoculären Sehen, wodurch also die Doppelbilder der nicht fixirten Objecte relativ noch undeutlicher werden. Beim Betrachten eines nahen Körpers richtet sich ferner die Accommodation nach der grösseren oder geringeren Nähe des fixirten Punkts. Beim Fixiren eines nahen Punkts accommodiren sich die Augen für die Nähe und hierdurch müssen die Doppelbilder der entfernteren Bildpunkte, als ausserhalb der Accommodationsebene liegend, undeutlich erscheinen, und umgekehrt. Auch bei der Betrachtung stereoskopischer Bilder würde dies in Anschlag kommen, vorausgesetzt freilich, dass die Accommodation und die seitlichen Augenbewegungen, wodurch die Convergenz verändert wird, mit einander Schritt halten. Endlich ist die Macht der Aufmerksamkeit für den Inhalt des durch die Sinne wirklich Wahrgenommenen so gross, dass Vieles unsere Sinne afficirt, ohne dass es zu unserem Bewusstsein kommt. Unser Gehörorgan wird z. B. von vielen Tönen afficirt, die wir durchaus nicht wahrnehmen oder unterscheiden, wenn die Aufmerksamkeit ihnen nicht zugewandt wird. Mit anderen Gedanken beschäftigt, glauben wir oft Worte nicht gehört zu haben, die wir aber, wenn wir uns besinnen, doch hörten, und auf die wir nachträglich antworten können. Unser Tastorgan wird in Gleichem von unzähligen Eindrücken fortwährend afficirt, z. B. durch die Berührung unserer Kleidungsstücke, die wir empfinden können, aber nicht empfinden. Warum sollte es denn, sagt man, mit dem Sehorgan anders sein? Dass unzählige Doppelbilder beim Sehen mit zwei Augen in der Regel vorhanden sind, die wir gewöhnlich nicht beachten, ist ja eine Thatsache, die ein Jeder selbst bemerken kann, sobald er darauf achtet. Wenn wir mit einem Finger ein fernes Object zu decken suchen, so gelingt uns dieses beim Sehen mit zwei Augen nicht, indem wir entweder den Finger doppelt und undeutlich sehen, wenn der ferne Gegenstand uns deutlich und einfach erscheint, oder umgekehrt, wir sehen den Finger deutlich und einfach, den fernen Gegenstand aber doppelt und undeutlich. Wenn wir nun in der Regel diese Doppelbilder nicht bemerken, so ist das nach dem soeben Angeführten allerdings sehr erklärlich.

Wenn man sich nun endlich überzeugt, dass man auch bei der Betrachtung stereoskopischer Bilder, oft genug Doppelbilder bemerken kann, wenn man sie nur beachtet, so könnte es fast scheinen, dass die Sache hiermit in einer Weise erklärt sei, wobei die Theorie der identischen Punkte noch vollkommen aufrecht erhalten werden könnte. Diese Erklärung kann man mit wenig Worten so fassen: Die Doppelbilder sind bei der binoculären Betrachtung naher körperlicher Gegenstände, sowie stereoskopischer Bilder, wirklich vorhanden, wir beachten sie aber nicht, weil sie sehr schwach sind, im Vergleich mit den fixirten und einfach gesehenen Partien. Mit anderen Worten, das Verschwinden der Doppelbilder wird der psychischen Intention zugeschoben. Die eigenthümliche Empfindung des Körperlichen oder Erhabenen oder der Tiefe im Raume, beim Sehen mit zwei Augen, wird dann, bei dieser Auffassung, theils abhängig gemacht von der eigenthümlichen, meist unbewussten, und unbestimmt nebelhaften Empfindung der Doppelbilder, theils vom Muskelgefühl oder der Empfindung des Convergenz- und Accommodationszustandes unserer Augen; ganz besonders aber wird sie von der auf psychischen Thätigkeiten beruhenden Erfahrung abgeleitet.

Bezüglich der Empfindung der Tiefe im Raume, womit die Beurtheilung der Nähe und Ferne aufs Innigste zusammenhängt, hat man mit Recht darauf aufmerksam gemacht, dass dieselbe auch beim monoculären Sehen, wenngleich in unvollkommnerer Weise, vorhanden ist. Was hierbei Urtheil, und was rein sinnliche Empfindung ist, lässt sich oftmals schwer trennen und unterscheiden. Für die Beurtheilung der Tiefe im Raume, beim monoculären Sehen, kommen verschiedene Hülfsmittel in Betracht: 1) die perspectivischen Erfahrungen, welche sich durch Vergleichung des Verhältnisses der absoluten, relativen und scheinbaren Grösse ergeben; 2) das verschiedene Verhältniss der Lichtstärke, der Farben und des Schattens bei nahen und fernen Gegenständen, welches wir ebenfalls durch Erfahrung kennen. Ausser diesen Momenten, die den Gemälden ihren körperlichen Effect verleihen, kommt bei wirklichen Körpern noch hinzu, dass wir 3) durch Bewegungen des Kopfes oder Körpers im Stande sind, uns nach einander verschiedene Netzhautbilder vom Gegenstande zu verschaffen, durch deren Vergleichung wir uns ein Urtheil über die Dimension der Tiefe im Gegenstande oder Raume bilden können. Dabei kommt uns für die Beurtheilung der Nähe und Ferne die Erfahrung zu Hülfe, dass nähere Gegenstände ihre Lage zu den ferneren Objecten um so mehr bei diesen Kopfbewegungen zu ändern scheinen, je näher die Objecte uns sind. Ferner kommt 4) die Erfahrung, die wir bezüglich der Empfindung des Accommodationszustandes unseres Auges für einen näheren oder ferneren Punkt gemacht haben, hinzu. Einige Schwierigkeit bereitete die Erklärung des sogenannten Necker'schen Versuchs, dem zufolge man beim monoculären Sehen die einfache Contourzeichnung eines Körpers gleichsam umkehren kann, so dass man in der Zeichnung eines in allen Contouren gleichmässig ausgeführten Würfels nach Belieben die eine oder die andere Seite als die vordere auffassen kann. Dasselbe gilt von dem Versuche mit einer Münze oder Gemme, wobei das Gepräge bei der Betrachtung unter dem Mikroskope Einigen vertieft, Anderen erhaben erscheint. Necker erklärte seinen Versuch durch die Annahme einer Veränderung der Accommodation; je nachdem man die eine Seite vorn oder hinten sähe, sollte man mehr für die Nähe oder mehr für die Ferne accommodiren. Dies kann aber offenbar nicht angenommen werden, da das ganze Bild in der Ebene des Papiers liegt, und das für einen Punkt desselben accommodirte Auge auch für die anderen Punkte accommodirt sein muss *). Wheatstone erklärte diese beiden Versuche durch psychische Thätigkeit, indem die Einbildungskraft, beim Mangel an festen Anhaltspunkten für das Urtheil, durchgreife. Brewster meinte, das Urtheil werde durch die Umkehrung von Licht und Schatten bei der Umkehrung des Bildes durch das Mikroskop irregeleitet, indem man irrthümlich das Bewusstsein von der Seite zu haben meine, woher das Licht komme. Brücke erklärte die Erscheinung durch die Annahme, dass die jedesmal fixirte Stelle der körperlichen Contourzeichnung vorn gesehen werde, weil diese Stelle, als auf den Ort des deutlichsten Sehens fallend, am lebhaftesten empfunden werde. Dass jedoch die Einbildungskraft hierbei eine Hauptrolle spielt, scheint schon daraus hervorzugehen, dass man, nachdem man die Figur in einer bestimmten Weise aufgefasst hat, den Fixationspunkt sehr wohl verändern, und doch die Figur in derselben Weise, durch die geistige Auffassung, festhalten kann. Dass der Punkt, den man anhaltend fixirt, am leichtesten vorn erscheint, ist freilich richtig, besonders wenn die Contouren sämmtlich gleich stark sind. Wenn man aber die eine oder die andere Contour, die sonst beliebig vorn oder hinten

---

*) Hierbei ist von der verschiedenen Accommodation für senkrechte und horizontale Linien abgesehen, da diese hier nicht in Betracht kommt.

erscheinen kann, stärker macht, so tritt sie immer in den Vordergrund, und kann durch Fixiren und Phantasie nur schwierig, oder gar nicht, nach hinten verlegt werden. Unter Anderen hat Cramer hierauf besonders aufmerksam gemacht. Dies widerspricht jedoch durchaus nicht der durch das oben angeführte Verhalten begründeten Annahme, dass die Wahrnehmung hauptsächlich in der Phantasie oder geistigen Anschauung begründet ist, wobei Urtheil und Erfahrung mit eingreifen, indem sie die, durch Licht und Schatten, sowie durch Lichtstärke bestimmten Eindrücke verwerthen.

Indem man also versuchte, die eigenthümliche Empfindung der dritten Dimension des Raumes, der Tiefe, beim Sehen mit einem sowohl, als mit beiden Augen, auf ihre ursächlichen Verhältnisse zurückzuführen, stiess man in letzter Instanz immer auf psychische Thätigkeiten: Aufmerksamkeit oder psychische Intention, Phantasie und Urtheil, in Verbindung mit der Erfahrung, die ja wiederum eine besondere geistige Thätigkeit, das Gedächtniss, voraussetzt.

Von Einigen wurde freilich der specifischen Empfindung der Accommodationszustände, sowohl beim monoculären, als beim binoculären Sehen, und überdies der specifischen Empfindung der Convergenzzustände der Augen, mit einem Wort dem Muskelgefühl, einiger Antheil an der Perception der Tiefe im Raume zugeschrieben, und der unbestimmten, nebelhaften, meist unbewussten Empfindung der Doppelbilder wurde ebenfalls ein Antheil am Effect bei dieser Perception eingeräumt, wesentlich schien aber der Vorgang ein geistiger oder psychischer zu sein, und das, was uns als Empfindung der Tiefe des Raumes erscheint, würde insofern nicht diese Benennung verdienen, als es sich hiernach nicht sowohl um eine specifische Art der Sinnesempfindung, als um eine psychische Empfindung zu handeln scheint.

Dies Resultat, zu welchem die bisherigen Untersuchungen zu führen schienen, dürfte den Grund enthalten, warum man bisher die Art und Weise, wie die eigenthümliche Empfindung der Tiefe im gemeinschaftlichen Gesichtsfelde durch die Verschiedenheit der Contouren beider Netzhautbilder bedingt wird, nicht einer eingehenden, gleichsam analysirenden Untersuchung unterworfen hat. Man könnte von einer solchen Untersuchung nämlich offenbar nur dann ein Resultat erwarten, wenn diese eigenthümliche Empfindung der Tiefe im Raume wesentlich ein reiner Sinnesact, eine specifische Qualität der sinnlichen Empfindung beim Sehen sei, und wenn es möglich wäre, das rein sinnliche Moment, unabhängig von den Einflüssen der psychischen Thätigkeiten und Fähigkeiten, zu untersuchen. Da aber, bei der gangbaren Auffassung, das Eine nicht annehmbar, und das Zweite nicht wohl möglich schien, beruhigte man sich bei den bequemen und elastischen psychischen Erklärungen.

Bezüglich der Ausfüllung des gemeinschaftlichen Gesichtsfeldes durch den mehr oder weniger verschiedenen Inhalt der beiden Netzhautbilder nach der Flächenausbreitung, ohne Rücksicht auf die Tiefe, hat man sich, abgesehen von der Erscheinung des Glanzes, und der unter Umständen zu beobachtenden Verschmelzung der Farben, noch weniger in eingehender Weise beschäftigt. Es liegen bisher nur einzelne hieher gehörige Fälle vor, die zum Gegenstand der Besprechung gemacht wurden.

Hieher gehört die von Wheatstone, als, seiner Meinung nach, gegen die Theorie der identischen Netzhautstellen besonders beweisend, hervorgehobene Thatsache, dass man zwei Kreise von etwas ungleicher Grösse, wenn man sie beim binoculären Sehen im gemeinschaftlichen Gesichtsfelde zur Deckung zu bringen sucht, wirklich ganz einfach sieht, als ob sie einander vollständig auf identischen Netzhautpunkten deckten. Wheatstone versuchte keine Erklärung dieser Thatsache, Brücke hingegen versuchte sie durch Annahme einer ungleichen Accommodation beider Augen zu erklären, wobei zugleich ihre Bedeutung als Einwurf gegen die Lehre von den identischen Punkten beseitigt sein würde. Man könnte gegen diese Erklärung zunächst den Einwurf machen, dass das Sammelbild ganz scharf in seinen einfachen Contouren erscheint, vorausgesetzt, dass der Grössenunterschied der Kreise nicht zu gross ist. Diesem Einwurf könnte man dann freilich dadurch begegnen, dass man annähme, der Abstand der Knotenpunkte des Auges ändere sich zugleich bei dieser Accommodation in der Weise, dass die Retinabilder des grösseren und des kleineren Kreises, unbeschadet der Deutlichkeit, in Wirklichkeit gleich gross würden. Diese Erklärung trifft aber bei complicirten Bildern nicht zu, denn eine relative Verkleinerung des einen, oder eine relative Vergrösserung des anderen Netzhautbildes, ist natürlich nur für das ganze Bild denkbar. Diese Erklärung der in Rede stehenden Thatsache scheint also nicht haltbar zu sein, und somit steht dieselbe vorläufig unerklärt da.

Ausserdem hat Wheatstone noch einen anderen hieher gehörigen Versuch mitgetheilt. Wenn man nämlich in zwei gleich grossen Kreisen zwei verschiedene Buchstaben, z. B. A und B, durch das Stereoskop im gemeinschaftlichen Gesichtsfelde zur Deckung bringt, so erscheint der Kreis unveränderlich, die Buchstaben aber treten abwechselnd hervor, indem der zuerst gesehene Buchstabe in mehrere Stücke zu zerbrechen scheint, mit denen sich Stücke des anderen vermischen, bis dieser endlich ganz hervortritt, um nach einiger Zeit in gleicher Weise vom anderen abgelöst zu werden. Eine bestimmte Erklärung dieser Erscheinung giebt Wheatstone nicht, er scheint aber, nach der Weise wie er bei dieser Gelegenheit einen von du Tour angegebenen Versuch anzieht und bespricht, eine psychische Erklärung im Sinne zu haben. Indem nämlich du Tour jedem Auge eine andere Farbe darbot, fand er, dass diese abwechselnd hervortreten, und gründete hierauf seine Behauptung, man könne wohl bisweilen zugleich mit zwei Augen, aber niemals mit zwei correspondirenden Netzhautpunkten gleichzeitig sehen. Wheatstone theilt nun diese Meinung, dass die Farben immer abwechselnd gesehen werden, und schreibt es einer vorgefassten Meinung zu, wenn Andere, z. B. Reid, Janin und Haldat, die Mischfarbe bei diesem Versuche gesehen zu haben angeben.

Die späteren Untersuchungen haben bekanntlich über die Wechselwirkung verschiedener, den Augen beim binoculären Sehen dargebotener Farben, viel Neues gebracht. Das für unsere Fragen Wichtigste, das in dieser Angelegenheit vorliegt, glaube ich hier anziehen zu müssen, weil eine gewisse Analogie der Erscheinungen bei dem in Rede stehenden Versuche mit den Erscheinungen des Glanzes, und noch mehr mit den Erscheinungen des alternirenden Farbensehens, wohl nicht in Abrede gestellt werden kann.

Nachdem Haldat's, Reid's und Janin's Angaben, dass unter den angegebenen Verhältnissen eine Mischfarbe im gemeinschaftlichen Gesichtsfelde auftrete, fast von allen Physiologen in Abrede gestellt war, indem sie nur ein Abwechseln der Farben gesehen hatten, zeigte Dove*) zuerst, dass bei Anwendung der durch den Polarisationsapparat erzeugten Farben wirklich die Mischfarbe im gemeinschaftlichen Gesichtsfelde auftritt. Alle Personen, die beide Augen gebrauchen, sehen hier Weiss, wenn dem einen Auge die eine, und dem anderen die andere zweier complementären Farben dargeboten wird. Regnault-Foucault, Seebeck und viele Andere haben diese, nunmehr über allen Zweifel erhabene Thatsache constatirt. Dass bei Anwendung verschieden gefärbter Gläser in der Regel Abwechseln der Farben, statt

---

*) Dove in den Monatsberichten der Berliner Akademie der Wissenschaften 1841 S. 251 u. folgende.

der Farbenmischung beobachtet wird, erklärte Dove später *) durch die in diesem Falle zu verschiedene Elongation der Schwingungen der Lichtwellen. Das subjective Verschmelzen der Polarisationsfarben stellte er aber den Tartinischen Tönen an die Seite, welche durch verschieden gestimmte Stimmgabeln hervorgebracht werden, von denen eine vor dem linken, die andere vor dem rechten Ohre gehalten wird. Brücke **) wies ferner nach, dass die Farbenmischung, bei passender Wahl der Farben, auch beim binoculären Sehen durch verschieden gefärbte Gläser wirklich eintritt, wie es schon Haldat 1806 angab. Namentlich trat eine Verschmelzung von Blau und Gelb zum Grau der London-smoke Brillen ein. Bei Anwendung von Pigmentfarben sah auch Ludwig die Mischfarben beim binoculären Sehen. Von vielen anderen älteren und neueren Verfassern, z. B. Funke, wurden dieselben aber geleugnet.

Mit einer solchen subjectiven Farbenmischung scheint der in Rede stehende Wheatstone'sche Versuch mit den Buchstaben nun freilich nicht viel gemein zu haben, dagegen ist die Analogie mit dem Alterniren der Farben nicht zu verkennen. Man hat daher die Theorie des sogenannten Wetteiferns der Sehfelder, der zufolge das Centralorgan des Sehens abwechselnd für die eine und andere Farbe unempfindlich werden sollte, auch auf diesen Versuch in Anwendung gebracht. Man hat auch wohl von einer abwechselnden Erlahmung der einen und der anderen Netzhaut für die eine oder andere der verschiedenartigen Empfindungen gesprochen. Wiederum Andere, z. B. Funke, haben die Erscheinung durch ein abwechselndes „Spiel der Aufmerksamkeit" erklärt. Brücke ***) endlich hat auch diesen Wheatstone'schen Versuch auf eine besondere Weise zu erklären gesucht, indem er den Wechsel von einem unwillkürlichen Bestreben, die Doppelbilder als einen nicht homogenen Reiz zu vermeiden, ableitete. Diese Erklärung scheint Beifall gefunden zu haben, indem die sogenannte „Scheu vor Doppelbildern" eine jetzt sehr gewöhnliche Redensart geworden ist.

Endlich gehören hieher noch einige von Hermann Meyer †) mitgetheilte Beobachtungen.

Sieht man mit einem Auge durch eine offene Röhre gegen den klaren Himmel, gegen die Milchglaskuppel einer Studirlampe, oder gegen hell beleuchtetes, weisses Papier, und mit dem anderen Auge auf einen gleichen Grund durch eine eben solche Röhre, die aber vorn bis auf eine kleine Oeffnung geschlossen ist, und stellt die Röhren so, dass die Gesichtsfelder beider Augen einander decken, so sieht man im gemeinschaftlichen Gesichtsfelde einen hellen Fleck, der dem kleinen Loche entspricht, unmittelbar umgeben von einem tief gesättigten, dunklen Rande, welcher, gegen die Peripherie des Gesichtsfeldes hin, allmälig in Halbschatten übergeht. Brücke besprach diesen Versuch in der Wiener Akademie ††), und fand, dass derselbe einen neuen Beweis für den Antheil, den das Centralorgan des Sehens, im Gehirn selbst, am Sehen habe, enthielte. Brücke erklärte die Erscheinung auf folgende Weise: Durch die örtliche Bestrahlung der Netzhaut des Auges, welches durch die gedeckte Röhre sieht, wird der

---

*) Dove in den Monatsberichten der Berliner Akademie der Wissenschaften 1850.
**) Brucke in den Sitzungsberichten der Wiener Akademie 1853.
***) J. Müller's Archiv 1841.
†) Ueber den Einfluss der Aufmerksamkeit auf die Bildung des Gesichtsfeldes überhaupt und des gemeinschaftlichen Gesichtsfeldes beider Augen im Besondern. Archiv für Ophthalmologie, herausgegeben von Arlt, Donders und Gräfe. 2ter Bd. 2te Abthlg. Berlin 1856. S. 77.
††) Sitzungsberichte der Wiener Akademie 1851. Bd. 7. S. 455.

Bezirk des Centralorgans, zu welchem die, durch jene Bestrahlung bedingte Erregung zunächst fortgeleitet wird, in seiner nächsten Umgebung so verändert, dass diese weniger disponirt ist, zur Empfindung des Leuchtenden erregt zu werden, als die davon entfernt liegenden Punkte; deshalb empfinden auch diese die Erregung, welche von dem anderen Auge her zugeleitet wird, stärker, und dadurch entsteht beim binoculären Sehen der dunkle Hof auf hellem Felde.

Meyer änderte später seinen ursprünglichen Versuch auf verschiedene Weise ab, und fand die hierbei stattfindenden Verhältnisse mit Brücke's Erklärung unvereinbar.

Er bot erstlich dem einen Auge eine gleichmässig gefärbte Fläche, und dem anderen Auge eine Fläche dar, in welcher zwei andere Farben scharf gegen einander abgegrenzt sind.

Zweitens legte er ein Stück gelbes Papier auf ein grösseres Stück blaues Papier, und betrachtete beide so, dass jedes Auge sowohl Gelb als Blau, scharf gegen einander abgegrenzt, sah.

In beiden Fällen sieht man nun im gemeinschaftlichen Gesichtsfelde die Farben, welche beim Sehen mit einem Auge an einander stossen, an der Berührungsgrenze deutlich, von dieser entfernt aber erscheint, in allmäliger Schattirung, die Mischfarbe der den correspondirenden Netzhautstellen beider Augen dargebotenen Farben. Bietet man im ersten Falle z. B. dem einen Auge Roth, dem anderen Gelb und Blau neben einander, so sieht man im gemeinschaftlichen Gesichtsfelde Gelb und Blau an einander stossen, seitlich aber schattirt das Gelb in gelbliches Roth, und das Blau schattirt in gleicher Weise in bläuliches Roth. Bietet man im zweiten Falle jedem Auge Gelb am inneren und Blau am äusseren Theile des Sehfeldes, so erblickt man in der Mitte einen gelben Streifen, von reinem Blau begrenzt, das aber weiter seitlich in Gelb hinüberschattirt.

In einer dritten Versuchsreihe construirte Meyer zwei Kreuze aus zwei verschiedenen Farben, indem eine Farbe den senkrechten Balken des einen und den horizontalen Balken des anderen Kreuzes bildete. Wenn die Balken etwa 1''' breit und 1'' lang waren, so erschienen sie, im gemeinschaftlichen Gesichtsfelde zur Deckung gebracht, nach Meyer, bei gleichmässiger Beleuchtung bald in der einen, bald in der anderen Farbe, ohne dass an der Kreuzungsstelle die Contrastfärbung bemerkbar wurde. Bei ungleicher Helligkeit der beiden Farben dominirte aber die lebhafteste Farbe; das von Meyer benutzte lebhafte Roth dominirte gewöhnlich über das mattere Grün.

In einem vierten Versuche construirte Meyer zwei andere Kreuze, indem ein 2—3''' breiter, blassrother Streifen in einem Kreuze den senkrechten, und im anderen den wagerechten Balken bildete, während im letzteren Kreuze ein 1''' breiter, lebhaft grüner Streifen den senkrechten Balken und im ersteren Kreuze den Querbalken in der Weise bildete, dass in der Mitte dieses grünen Querbalkens ein 1''' breiter Raum gelassen war, der durch das blasse Roth ausgefüllt wurde. Es erschien dann im gemeinschaftlichen Gesichtsfelde ein schmales grünes Kreuz in einem breiteren rothen, das an den Winkeln eine lebhaftere Färbung zeigte. Wenn nun die eine Farbe die andere an Lebhaftigkeit übertraf, so war das Resultat immer dasselbe, auch bei der Wahl anderer Farben, als der angeführten. Wenn aber beide Farben gleich lebhaft waren, so war in der Figur des gemeinschaftlichen Gesichtsfeldes das Wechseln der Farben so unruhig und flimmernd, dass nichts Regelmässiges zu beobachten war, oder es trat vorübergehend die eine oder die andere Farbe oder eine Mischfarbe hervor.

Die angeführten Beobachtungen fand Meyer nun mit Brücke's oben angegebener Erklärung nicht vereinbar, glaubte aber dieselben in den mit dem Sehen verbundenen psychischen Thätigkeiten suchen zu müssen, und zwar in dem Umstande, dass die Aufmerk-

samkeit durch dasjenige, was wir im gemeinschaftlichen Gesichtsfelde wahrnehmen, besonders angezogen und gefesselt werden sollte. Die vermeintlichen Beweise, die Meyer für diese Ansicht vorbringt, sind negativer Art. Bezüglich des ersten und zweiten seiner späteren Versuche sagt er: „Wenn wir nach der Ursache dieser Erscheinung fragen, so drängt sich uns sogleich auf, dass „wir dieselbe nicht in irgend einem körperlichen Momente zu finden haben, denn würde dieses „der Fall sein, so müsste mit Nothwendigkeit und unter allen Verhältnissen das gemeinschaft„liche Gesichtsfeld nach bestimmten Raumgesetzen mosaikartig aus den Eindrücken der ein„zelnen Augen zusammengesetzt werden, was bekanntlich nicht der Fall ist." Also, schliesst Meyer, muss es ein psychisches Moment, und zwar die Aufmerksamkeit sein, welche dabei in Betracht kommt. Bei Gelegenheit des dritten und vierten seiner späteren Versuche äussert Meyer gegen die geläufige Erklärung des sogenannten Wettstreits der Sehfelder, „dass, wenn „diese Erscheinungen in einer alternirenden Erlahmung der beiden Netzhäute ihren Grund finden „sollten, nothwendig bald die eine, bald die andere der beiden primitiven Figuren für sich allein „wahrnehmbar sein müsste, während doch beständig eine aus beiden primitiven Figuren zu„sammengesetzte Zeichnung stehen blieb." Also, schliesst Meyer wieder, muss die Aufmerksamkeit, die durch den Contrast erregt wird, Ursache der Erscheinungen sein.

Man sieht, dass für die Ausfüllung des gemeinschaftlichen Gesichtsfeldes aus den Eindrücken der einzelnen Netzhäute, die psychischen Erklärungen nicht nur für die Dimension der Tiefe die herrschenden sind, sondern auch für die Ausfüllung der Fläche nach in ausgiebigstem Maasse benutzt werden. Wenn die psychische Thätigkeit wirklich einen so grossen Antheil am binoculären Sehen hätte, als ihr im Vorhergehenden fast einstimmig von den verschiedenen Forschern zugeschrieben worden ist, so würde das sinnliche Moment dabei ganz und gar in den Hintergrund treten, und die Ausfüllung des gemeinschaftlichen Gesichtsfeldes würde fast ein rein geistiger Act sein. Vom teleologischen Standpunkte betrachtet, würde dann dies Resultat recht hübsch mit dem Umstande in Verbindung gesetzt werden können, dass den meisten Säugethieren das gemeinschaftliche Gesichtsfeld beim binoculären Sehen fast abgeht, und nur den, auch in anderen Beziehungen dem Menschen so nahe stehenden Affen in ausgedehnterem Maasse zukommt. Dass man sich aber auf eine ins Detail gehende, zusammenhängende und umfassende Untersuchung der Zusammensetzungsweise des gemeinschaftlichen Gesichtsfeldes aus seinen Componenten nicht eingelassen hat, ist bei einem solchen Resultate begreiflich; denn unter der Voraussetzung, dass die psychischen Kräfte hierbei in solchem Grade dominirten, würde diese Untersuchung nur eine sehr zweifelhafte Ausbeute versprechen.

Man wird indess in der bisherigen Darlegung bemerkt haben, dass ich die psychischen Erklärungen keiner weiteren Kritik unterworfen, sondern sie nur so mitgetheilt habe, wie ich sie in der Literatur vorfand. Dass ich dies bisher unterliess, hatte keineswegs seinen Grund darin, dass ich diesen Erklärungen beizutreten geneigt wäre, sondern gerade, weil ich glaube, sie, als nicht in Wahrheit begründet, im Folgenden bekämpfen zu müssen. Um Wiederholungen zu vermeiden, und der klareren Uebersicht halber, scheint es mir aber nun am zweckmässigsten zu sein, zunächst die Zweifel zusammenzustellen, die, bei Berücksichtigung des bis jetzt vorliegenden Materials, gegen die psychischen Ansichten in mir aufstiegen. Diese Zweifel waren es nämlich, die mich zu der, dann ausführlicher darzulegenden, eigentlichen experimentellen Untersuchung aufmunterten.

Zweites Capitel.
Zweifel an der Richtigkeit der gangbaren psychischen Erklärungsversuche.

Was zunächst die Meinung betrifft, der zufolge immer Doppelbilder der ausserhalb des respectiven Horopters gelegenen Gegenstände vorhanden sein, ihrer geringen Deutlichkeit halber aber der Aufmerksamkeit entgehen sollten, welche von den stärkeren und deutlichen Umrissen in unwiderstehlicher Weise gefesselt würde, so scheint diese Erklärung nur für einige, keineswegs aber für alle Fälle zuzutreffen. In einigen Fällen kann man nämlich, wenn man die Aufmerksamkeit darauf richtet, die Doppelbilder, trotz ihrer Undeutlichkeit und ihrer nebelhaften Erscheinung, doch ganz bestimmt wahrnehmen, z. B. wenn im Vordergrunde sehr nahe Objecte liegen. In anderen Fällen aber, wo kein näherer Vordergrund vorhanden ist, fehlen die Doppelbilder auch gänzlich, und es ist bei der angestrengtesten Aufmerksamkeit nicht möglich, den geringsten Schatten eines Doppelbildes zu bemerken. Wir haben doch die Herrschaft über unsere Aufmerksamkeit, und können sie auch den schwächsten Eindrücken zuwenden, bei einiger Uebung auch solchen, die weit seitlich von den Augenachsen liegen. Es schien mir daher, dass ein physiologischer Beobachter etwa vorhandene und sichtbare Doppelbilder bei angestrengter Aufmerksamkeit doch müsste sehen können, und wenn es ihm unmöglich ist, selbst im Bezirk des schärfsten Sehens, solche zu bemerken, obgleich sie, der Theorie der identischen Netzhautstellen zufolge vorhanden sein müssten, so konnte ich doch nicht daran glauben, dass psychische Thätigkeit sie verwischt haben sollte. Dass bei Beurtheilung der Tiefe im Raume die vom Gedächtniss bedingte Erfahrung, das Urtheil, die Aufmerksamkeit und die Phantasie den wesentlichsten Antheil hat, kann Niemand in Abrede stellen oder bezweifeln, dass aber die Qualität und der Inhalt der Empfindung selbst, bei einem nüchternen Beobachter durch sie alterirt werden sollte, konnte ich mir gar nicht denken. Es ist aber unleugbar, die Wahrnehmung der Tiefe beim binoculären Sehen eine ganz eigenthümliche, und das körperliche Bild, das wir sehen, ist bezüglich der ferneren Objecte ein durchaus einheitliches und scharfes. Dass Unfähigkeit, scharf zu fixiren, und ein schnelles Durchlaufen der Horopter dies bewirken sollte, wie Brücke meinte, schien nach Dove's Versuch, mit der Beleuchtung durch den elektrischen Funken, nicht wahrscheinlich zu sein. Es ist hiernach doch wohl die Frage berechtigt, ob nicht eigenthümliche Erregungsverhältnisse der beim Sehen thätigen Nervenelemente eingreifen, und den Inhalt der Empfindung wesentlich bestimmen sollten?

Der von Wheatstone angegebene Versuch, dass zwei an Grösse etwas verschiedene Kreise beim binoculären Sehen, bei passender Einstellung der Augenachsen, zur vollständigen Deckung im gemeinschaftlichen Gesichtsfelde gebracht werden können, liess sich weder durch Accommodationsverhältnisse, noch durch psychische Thätigkeit erklären. Wäre es denn nicht denkbar, dass auch diese Erscheinung von eigenthümlichen Erregungsverhältnissen der Nervenelemente beim binoculären Sehen abhängig wäre?

Der Versuch mit dem abwechselnden Hervortreten zweier verschiedener Buchstaben in gleichen Kreisen, der durch ein unwillkürliches Bestreben, die Doppelbilder, als einen nicht homogenen Reiz, zu vermeiden, oder durch die sogenannte Scheu vor Doppelbildern erklärt wurde, schien mir durch eine solche Phrase keineswegs erklärt zu sein. Wie kann bei einer willkürlich hervorgerufenen Empfindung, die wir durch Verschliessen des einen Auges leicht willkürlich abändern können, von einem unwillkürlichen Bestreben die Rede sein, sich dem

Reize zu entziehen? Wäre von einer Reflexbewegung die Rede, so könnte das noch allenfalls einen Sinn haben; hier aber handelt es sich um eine Empfindung, die durch jenes vermeintliche, mystische, „unwillkürliche Bestreben" in keiner Weise abgewehrt werden kann. Unangenehm erscheint mir überdies die Empfindung des abwechselnden Hervortretens des einen und des anderen Buchstaben an sich gar nicht; ich habe mich im Gegentheil von diesem Schauspiel sehr angezogen gefunden. Unangenehm wird es nur dann, wenn man eine vergebliche und ohnmächtige Willensintention damit verbindet, wozu die Meisten disponirt sind, was sie aber doch unterlassen können, wenn sie wollen. Dass der Wechsel der Empfindung das Auge bald angreift und ermüdet, wie jedes unstätige Sehen, ist etwas Anderes, obgleich diese Art der Ermüdung, die Blendung des Auges, mit einer unangenehmen Empfindung verbunden ist. Das ist aber bekanntlich in noch höherem Maasse mit den so allgemein beliebten Feuerwerken der Fall, und es gilt dasselbe nicht weniger von der interessanten Farbeninduction durch rotirende Scheiben. Nachdem Brücke, 10 Jahre nach diesem Erklärungsversuche, seine schöne Untersuchung über die subjectiven Farben angestellt hat*), dürfte ihm selbst jene Erklärung kaum mehr genügen, und nach seinen vorhin erwähnten Aeusserungen, bezüglich des Meyer'schen Versuchs, muss ich annehmen, dass er jetzt die genannte Erscheinung von der Thätigkeit des Centralorganes für das Sehen, im Gehirn selbst, ableiten wird, also von einer eigenthümlichen Erregungsweise der Nervenelemente beim binoculären Sehen. Auch die unverkennbare Analogie dieser Erscheinung mit dem Phänomen des Alternirens verschiedener, den zwei Augen dargebotener Farben, ist einer solchen Auffassung, wie mir scheint, günstiger, als einer psychischen Erklärung. Wollte man nämlich auch für diesen Fall etwa ein Abwechseln der Aufmerksamkeit für die eine und andere Farbe annehmen, so würde man bezüglich der, diesem Phänomen ohne Zweifel verwandten, Erscheinung der Farbenmischung im gemeinschaftlichen Gesichtsfelde doch sehr in Verlegenheit kommen. Denn der Aufmerksamkeit zumuthen wollen, dass sie eine Farbenmischung aus den Componenten vornehme, dürfte doch selbst den eifrigsten Anhängern der psychischen Erklärungen als ein etwas zu starkes Verlangen erscheinen.

Was nun endlich die von Meyer mitgetheilten interessanten Versuche betrifft, so schien mir ihre Ableitung vom psychischen Momente der Aufmerksamkeit keineswegs gehörig motivirt zu sein. Erstlich dürfte gegen seine Deduction zu bemerken sein, dass er die Aufmerksamkeit als unwillkürlich betrachtet, während wir beim Beobachten doch vollkommen im Stande sind, ihre Richtung zu dirigiren. Wenn man nicht beobachtet, sondern ganz unbefangen und gedankenlos mit seinen zwei Augen hinausblickt, so wird die Aufmerksamkeit freilich von den Eindrücken angezogen und gefesselt, welche am stärksten sind; sieht man Etwas, das Gedanken hervorruft, so fesselt das besonders leicht den denkenden aber unbefangenen Zuschauer; sieht man aber beobachtend, d. h. mit Rücksichtnahme auf einen bestimmten, schon vorhandenen Gedanken, so ist die Aufmerksamkeit bezüglich ihrer Richtung ganz und gar dem Willen unterworfen; vom Inhalt der durch die Nervenerregung gesetzten Empfindung kann sie Nichts hinwegnehmen, und auch Nichts hinzuthun, wohl aber kann sie sich den schwächsten Eindrücken mit solcher Intensität zuwenden, dass sie bestimmter und deutlicher zum Bewusstsein gelangen, als andere, gleichzeitig einwirkende, an sich viel stärkere Eindrücke. Dieses, das Wesen der Aufmerksamkeit, scheint Meyer nicht recht gegenwärtig gewesen zu sein, indem er die Stärke der Contrastempfindungen auf die Rechnung der Aufmerksamkeit schrieb.

---

*) Poggendorff's Annalen Bd. 84.

Könnte es sich denn nicht, umgekehrt, so verhalten, dass die Contraste, als starke sinnliche Eindrücke, als heftige Erregungen der Nervenelemente, besonders leicht (aber nicht nothwendig!) die Aufmerksamkeit anziehen und fesseln? Die Reize, welche unsere Nerven erregen, zeigen ja überall ein Diesem analoges Verhalten, indem die Stärke der Erregung nicht durch die absolute Stärke des Reizes bestimmt wird, sondern durch ihre Veränderung von einem Augenblicke zum anderen, oder durch ihre Verschiedenheit bei gleichzeitiger Einwirkung an verschiedenen empfindenden Localitäten — mit anderen Worten, durch die Vergleichung und durch den Contrast. Zweitens ist gegen Meyer's Darstellung einzuwenden, dass es in derselben ganz an positiven Beweisen oder Belegen für die der Aufmerksamkeit zugeschriebene Rolle fehlt, dass er seine Ansicht nur auf negativem Wege begründet, durch vermeintliche Widerlegung und Exclusion derjenigen Hypothesen, welche körperliche Ursachen der Erscheinungen voraussetzen, und dass der Versuch dieser Widerlegung, welche in den wenigen oben angeführten Zeilen besteht, schon darum ungenügend zu nennen ist, weil die Prämisse, der zufolge das gemeinschaftliche Gesichtsfeld nicht nach bestimmten Raumgesetzen mosaikartig aus den Eindrücken der einzelnen Augen zusammengesetzt werden sollte, gar nicht motivirt wird, sondern als bekannt vorausgesetzt wird. Im Folgenden werden wir sehen, dass eine solche mosaikartige Ausfüllung des gemeinschaftlichen Gesichtsfeldes nach bestimmten Raumgesetzen doch, freilich in eigenthümlicher Weise, statt hat. Diese Prämisse, von der Meyer ausgeht, ist dann nicht mehr haltbar, die Meinung aber, dass eine einfache mosaikartige Ausfüllung, ohne theilweise Veränderung und Verschmelzung des Inhalts der Gesichtsfelder, für eine jede körperliche Erklärung nothwendig, und für alle Verhältnisse geltend sein sollte, bedürfte doch gar sehr eines Beweises. Unter den verschiedenen auf somatischen Grundlagen möglichen Hypothesen, lässt Meyer sich nur auf die des sogenannten Wettstreits der Sehfelder ein, und in der Widerlegung derselben ist er nicht glücklich, indem er denselben als eine alternirende Erlahmung der beiden Netzhäute erklärt. Warum sollte man sich aber den sogenannten Wettstreit der Sehfelder denn gerade so denken, als ob der ganze Inhalt des rechten nothwendig mit dem ganzen Inhalt des linken Netzhautbildes alternirte? Könnte man sich nicht ebenso gut, und wie es scheint mit mehr Wahrscheinlichkeit, vorstellen, dass, in dem von Meyer angezogenen Falle, das Grün mit dem Roth alternirte, indem das Centralorgan des Sehens, bei der gegebenen Anordnung der Kreuze, in der ganzen Ausdehnung des gesehenen Kreuzes, gleichzeitig von beiden Farben, freilich von verschiedenen Netzhäuten her, afficirt werden muss?

Diese gegen die psychischen Erklärungen der in Rede stehenden Erscheinungen erhobenen Zweifel sind keine Beweise gegen dieselben, oder für somatische Erklärungen, sollen auch nicht für solche gelten, sie scheinen mir indess genügend zu sein, um darzuthun, dass die psychischen Erklärungen nicht bewiesen, und eben nur Hypothesen sind. Die Möglichkeit anderer Erklärungsweisen forderte mich aber zu Untersuchungen auf, deren Resultate ich nunmehr vorlegen werde.

Bei Landschaften, Portraits und dergleichen sind die Verhältnisse viel zu complicirt für die Feststellung der elementären Bedingungen; um diese auszumitteln, mussten die einfachsten Fälle vorausgeschickt werden, und erst nach systematischer Verfolgung derselben, konnte ich hoffen, auch in complicirten Bildern die eruirten gesetzmässigen Verhältnisse wiederzufinden. In der folgenden Darlegung meiner experimentellen Analyse des gemeinschaftlichen Gesichtsfeldes, werde ich im ersten Capitel auf die Doppelbilder und auf die Empfindung der Tiefe oder des Körperlichen keine Rücksicht nehmen, sondern nur die flächenartige oder mosaikartige Ausfüllung des gemeinschaftlichen Gesichtsfeldes durch die verschiedenen Contouren und Färbungen beider Netzhautbilder berücksichtigen. Dabei wird es indess nothwendig, auf gewisse Verhältnisse der Augenstellung einzugehen, insofern diese auf das im gemeinschaftlichen Gesichtsfelde erscheinende Bild Einfluss haben. Im zweiten Capitel werde ich dann die Bedingungen und Ursachen des Einfachsehens solcher Contouren, welche gleichzeitig nicht-correspondirende Netzhautpunkte treffen, erörtern, und im dritten Capitel werde ich die Bedingungen und Ursachen der eigenthümlichen Wahrnehmung der Tiefe beim binoculären Sehen abhandeln. In jedem Capitel werde ich die Beobachtungen und nackten Thatsachen in einem ersten Abschnitte einfach darlegen, und in einem zweiten Abschnitte werde ich die durch dieselben gewonnenen Resultate zusammenstellen, um dadurch den Ueberblick zu erleichtern und um eine einheitliche theoretische Auffassung der Thatsachen vorzubereiten. In einem Schlussworte werden wir dann sehen, inwiefern eine diese verschiedenen Erscheinungen umfassende Theorie zur Zeit möglich ist, und ein kurzes Resumé der Hauptresultate wird die Arbeit beschliessen.

Zweite Abtheilung.

Experimentelle Analyse des gemeinschaftlichen Gesichtsfeldes.

Erstes Capitel.

Die mosaikartige Ausfüllung des gemeinschaftlichen Gesichtsfeldes durch verschiedene Contouren beider Netzhautbilder, ohne Rücksicht auf die Doppelbilder und auf die Dimension der Tiefe.

A. Beobachtungen und Thatsachen.

§. 1.

Wenn man folgendes Object (Fig. 1), in welchem A das Gesichtsfeld des linken, B das Gesichtsfeld des rechten Auges, die Zahlen aber die Abstände der senkrechten Linie in

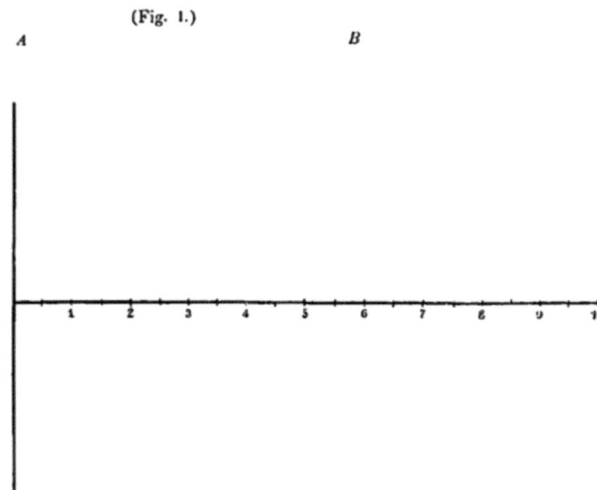

(Fig. 1.)

ganzen und halben Centimetern ausdrücken, durch ein gewöhnliches Linsenstereoskop betrachtet, so sieht man im gemeinschaftlichen Gesichtsfelde ein Bild (Fig. 2), in welchem die senkrechte Linie an einer Stelle, hier bei der Zahl 6, die horizontale Linie durchschneidet. Während man dieses Bild beobachtet, bemerkt man, dass die Stellung der senkrechten Linie keine vollkommen

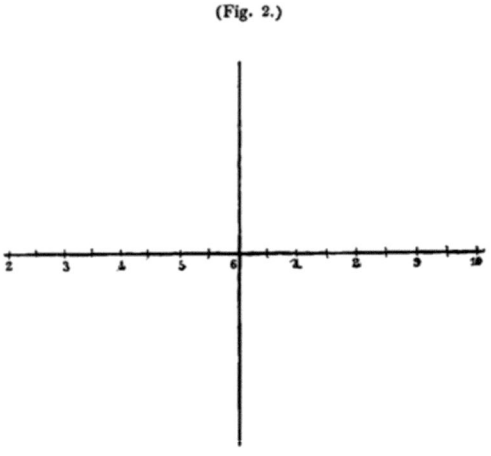

(Fig. 2.)

ruhige und stetige ist; im Allgemeinen hält sie sich jedoch, mit ganz kleinen Schwankungen, auf einem Punkte, bei mir in der Regel auf 6, oder doch nahe bei dieser Zahl. Wenn man die Augen vorher nicht angestrengt hat, wird man finden, dass die senkrechte Linie beim ersten Blick in das Instrument für jede Person eine einigermassen bestimmte Stellung einnimmt und behauptet. Kurzsichtige Personen geben hierbei eine niedrigere Zahl an als fernsichtige. Ausserdem hat der Abstand der Augen darauf Einfluss, indem Diejenigen, deren Augen weiter von einander abstehen, gewöhnlich höhere Zahlen angeben, vorausgesetzt, dass sie nicht kurzsichtig sind. Die Meisten sehen indess den Strich in der Nähe der Zahl 6. Hat man die Augen vorher mit feiner Arbeit angestrengt, welche ein Sehen in grosser Nähe nöthig machte, so stellt sich der Strich auf eine niedrigere Zahl ein, z. B. auf 4 oder 5, wenn man plötzlich den Blick hineinwirft. Ein Gleiches erfolgt, wenn man die Augen eine Zeit lang, wie beim Schlafen, geschlossen hielt, und dann plötzlich den Blick hineinfallen lässt. Hat man dahingegen das Auge mit Fernsehen angestrengt, oder gar Uebungen im Auswärtsschielen angestellt (wovon unten ein Näheres), so wird beim plötzlichen Hineinblicken eine höhere Zahl abgelesen. In beiden Fällen ist jedoch die Stellung der senkrechten Linie viel unruhiger, als wo sie sich unter gewöhnlichen Verhältnissen auf ihre Zahl einstellt; sie macht grössere Schwankungen hin und her, bis sie an einer Stelle zur Ruhe kommt, in den ersteren Fällen meist auf einer Zahl, die niedriger, in letzteren auf einer Zahl, die höher ist, als die gewöhnliche. Blickt man dann aber eine Zeitlang gedankenlos, und ohne bestimmte Intention, hinein, so stellt sich die Linie auf ihren gewöhnlichen Punkt (bei mir etwa auf 6) ein, nachdem wiederum eine Zeitlang unruhige Bewegungen beobachtet wurden.

. Dass die scheinbare Stellung der senkrechten Linie auf der horizontalen, im gemeinschaftlichen Gesichtsfelde, von der Richtung der Augenachsen abhängt, ist hierbei selbstverständlich. Die Einstellung der Augenachsen, die unter gewöhnlichen Verhältnissen bei diesem Versuche beobachtet wird, und bei der das Auge keine Anstrengung verspürt, die bei der Einstellung auf eine niedrigere oder höhere Zahl immer bemerkbar ist, will ich im Folgenden die natürliche oder bequemste Augenstellung nennen. Man findet sie für schwarze Linien auf weissem, und für weisse Linien auf schwarzem Grunde gleich.

Der Versuch zeigt ferner, dass der Inhalt des gemeinschaftlichen Gesichtsfeldes (von einigen in diesem Versuche leicht zu übersehenden, in Folgendem näher zu besprechenden Umständen abgesehen) in diesem Falle aus dem Inhalte der beiden Gesichtsfelder der einzelnen Augen so zusammengesetzt ist, als wären die beiden Netzhautbilder über einander geschoben. Dieses Eintragen des Inhalts beider Netzhautbilder in das gemeinschaftliche Gesichtsfeld lässt sich, bei Berücksichtigung der individuellen natürlichen Augenstellung, zu einer recht hübschen Spielerei benutzen. Bietet man (Fig. 3) dem linken Auge das Bild *A*, und dem rechten das Bild *B*

(Fig. 3.)

A   *B*

in einem gewöhnlichen Linsenstereoskope oder beim Sehen durch zwei offene Röhren, so stellt sich im gemeinschaftlichen Gesichtsfelde das Bild der Figur 4 dar. Solche binoculäre Sammelbilder lassen sich durch passende Wahl der Objecte in sehr mannigfaltiger Weise mit

(Fig. 4.)

Leichtigkeit construiren, und zu unterhaltenden und überraschenden Gesichtstäuschungen benutzen. Am bequemsten ist es, sie nach Art der stereoskopischen Bilder anzufertigen, wobei man darauf zu achten hat, dass die Mittelpunkte der Sehfelder der einzelnen Augen so weit von einander entfernt sind, dass sie der natürlichen oder bequemsten Augenstellung entsprechen. Es hat dies indess den Uebelstand, dass diese für verschiedene Personen etwas verschieden ist, und dass sie nicht passt, wenn die Augen vorher, z. B. durch starkes Convergiren der Augenachsen angestrengt waren. Ferner ist darauf zu achten, dass die Contouren der beiden Netzhautbilder im Sammelbilde nicht mit einander in Berührung kommen oder sich gar kreuzen, weil alsdann andere Erscheinungen auftreten, die wir weiter unten zu erörtern haben.

§. 2.

Wenn man das Gesichtsfeld des linken Auges in Figur 1 (*A*) unverändert lässt, in das Gesichtsfeld des rechten Auges (*B*) aber eine bewegliche Linie einschiebt, welche der senkrechten Linie des Auges *A* parallel ist, und die ihr auch in anderer Beziehung ähnlich ist, so bemerkt man Folgendes: Hat man dieselbe so weit vorgeschoben, dass sie an der Stelle, welche der natürlichen Augenstellung entspricht (also etwa bei 6), die horizontale Linie kreuzt (Fig. 5), so erscheint im gemeinschaftlichen Gesichtsfelde das in Fig. 6 dargestellte Sammelbild. Sieht man von der Erscheinung der Zahlen ab, so hat man im gemeinschaftlichen Gesichtsfelde ganz dieselbe Zeichnung, wie in Fig. 2, welche aus *A* und *B* der Fig. 1 combinirt wurde. Der einzige Unterschied ist der, dass die senkrechte Linie im Sammelbilde von *A* und *B* der Fig. 5 etwas heller erscheint. Bewegt man nun aber die senkrechte Linie des Feldes *B*, indem man sie weiter vor oder zurück schiebt, so folgt die einfache senkrechte Linie des gemeinschaftlichen Ge-

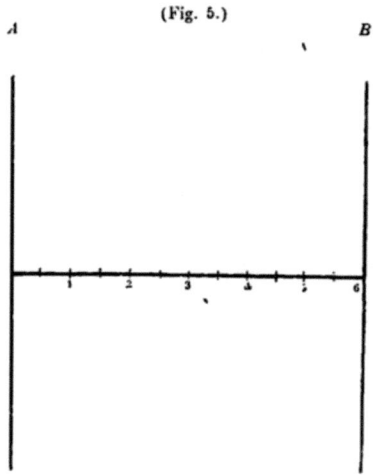

(Fig. 5.)

sichtsfeldes dieser Bewegung, und wird auf andere Nummern verschoben, ohne durch Zerfallen in ihre Componenten doppelt zu erscheinen. Führt man die Bewegung langsam aus, so kann man sie auf der einen Seite oft über 7½ hinausrücken, und auf der anderen Seite kann man sie gegen 1 hin verschieben. Bewegt man aber die Linie schnell, oder führt sie z. B. über 8 hinaus, so zerfällt sie plötzlich in ihre Componenten, und die eine Linie bleibt stehen oder macht eine rückgängige Bewegung gegen 6 hin, während die zweite Linie ihre Bewegung fortsetzt. Hat man die bewegliche Linie auf 4 oder 5 oder auf 7 eingestellt, so sieht man meist, ebenso wie bei Einstellung auf 6, die senkrechte Linie im gemeinschaftlichen Gesichtsfelde einfach, nur im ersten Falle weiter nach links, im zweiten weiter nach rechts, jedesmal da, wo die bewegliche Linie wirklich eingestellt ist. Bewegt man sie schnell um ein Geringes, z. B. von 5 auf 6, so erscheinen zwei Linien, die sich aber sogleich wieder vereinigen, indem die feste Linie nach der beweglichen hinrückt und mit ihr verschmilzt. Hat man aber die bewegliche Linie, bevor man hineinsieht, der anderen sehr nahe gerückt, z. B. auf 2 oder 3, so erblickt man im gemeinschaftlichen Gesichtsfelde ein ganz anderes Bild, etwa wie in Fig. 7. Dies Bild ist meist ganz ruhig und bleibend, verursacht auch dem Auge nicht die geringste Anstrengung oder Unannehmlichkeit.

(Fig. 6.)

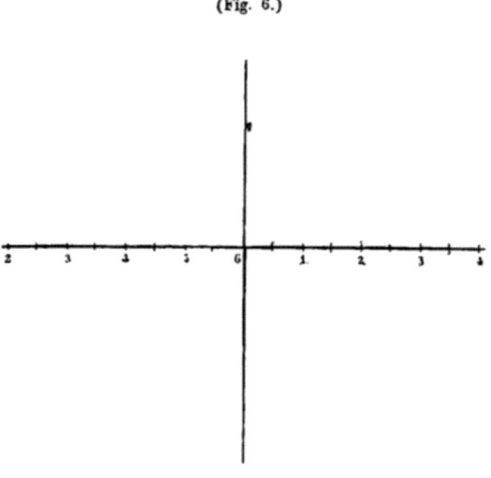

Am sichersten behauptet sich dasselbe, wenn die bewegliche Linie recht weit vorgeschoben ist, bis 1 oder 2; sonst fahren die Linien bei längerem Hineinsehen, besonders nach einem Blinzeln oder einer anderen Bewegung der Augen, oft plötzlich zusammen und bilden dann etwa Fig. 8 im gemeinschaftlichen Gesichtsfelde.

(Fig. 7.)

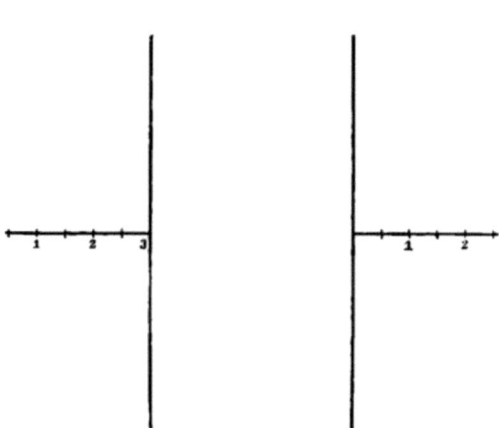

Hat man hingegen, bevor man hineinsieht, die bewegliche Linie sehr weit von der andern entfernt, indem man sie z. B. auf 8 oder 9 eingestellt hat, so sieht man im gemeinschaftlichen Gesichtsfelde eben so bleibend Fig. 9. War der Abstand, in den man die senkrechten Linien von einander brachte, geringer, so fahren sie, ebenso wie im vorigen Falle, oft plötzlich zusammen, und bilden dann im gemeinschaftlichen Gesichtsfelde die in Fig. 6 abgebildete Figur, nur mit dem Unterschiede, dass die aus ihren beiden Componenten gesammelte senkrechte Linie, der veränderten Stellung der beweglichen Linie entsprechend, auf eine höhere Nummer gerückt ist.

Es versteht sich wohl ohne weitere Erörterung von selbst, dass diese Verschiedenheiten, die im Sammelbilde zu beobachten sind, von der verschiedenen Stellung der Augenachsen abhängen. Ebensowenig wird es wohl nöthig sein, ausdrücklich anzuführen, was in jedem der einzelnen Fälle dem einen, und was dem anderen Netzhautbilde angehört; das ergiebt sich aus dem Obigen von selbst. Die auffallendste Erscheinung bei diesen Versuchen ist aber die scheinbare Anziehung der senkrechten Linien gegen einander, oder mit anderen Worten, der Zwang, den sie auf die Stellung der Augenachsen ausüben, indem sie, innerhalb gewisser Grenzen, die Augen gleichsam nöthigen, sich so einzustellen, dass die senkrechten Linien auf identische Netzhautstellen fallen und daher einfach gesehen werden. Solche Doppelobjecte, welche in dieser Weise innerhalb gewisser Grenzen, die Stellung der Augenachsen dominiren, indem die Bilder auf identische Netzhautstellen gebracht werden, wollen wir im Folgenden dominirende Objecte nennen. Durch eine nähere Untersuchung lässt sich nun über die dominirenden Objecte noch Folgendes näher feststellen:

(Fig. 8.)

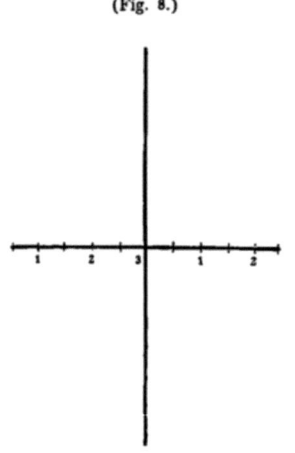

a) Zwei senkrechte parallele Linien, von denen jede einem Gesichtsfelde dargeboten worden ist, vereinigen sich bei grossen und geringen Abständen um so leichter, je stärker und deutlicher sie sind, und je mehr sie einander ähnlich sind. Schwache und feine Linien, deren Färbung nur wenig vom Grunde contrastirt, dürfen in ihren Abständen von einander nur wenig von dem, durch die natürliche Augenstellung bestimmten Maasse abweichen, wogegen dicke, und gegen den Grund stark contrastirende Linien auch dann ihre Herrschaft über die Augenstellung geltend machen, wenn diese durch starke Convergenz oder selbst durch Divergenz unbequem ist. Wenn die eine Linie dick und die andere dünn ist, oder wenn die eine ganz gerade mit scharfen Contouren, die andere aber am Rande schattirt, oder mit kurzen Windungen gekräuselt, oder zickzackförmig ist, oder wenn die eine Linie nur punktirt ist, während die andere eine zusammenhängende Contour hat, so ist der Zwang, sie zur Deckung zu bringen, geringer. Dasselbe gilt, wenn man Linien von verschiedener Farbe wählt. Weisse Linien auf schwarzem Grunde dominiren übrigens eben so stark, als schwarze Linien auf weissem Grunde.

(Fig. 9.)

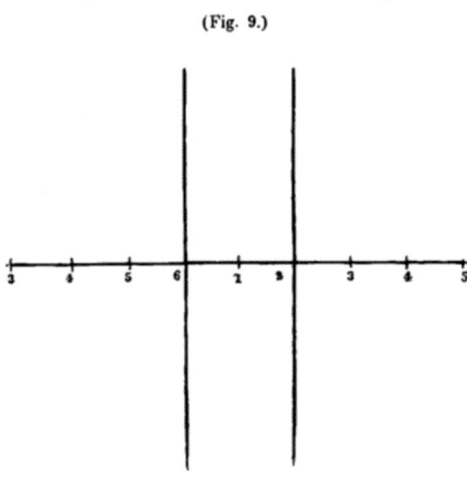

b) Auch wenn die beiden senkrechten Linien nicht völlig parallel sind, dominiren sie die Augenstellung, indem sie einander scheinbar anziehen, bis sie im gemeinschaftlichen Gesichtsfelde mit einander zu einer Linie vereinigt sind. Dabei erscheint zugleich das Ende der im gemeinschaftlichen Gesichtsfelde sichtbaren Linie, welches dem geringsten Abstande entspricht, dem Beobachter am nächsten, dasjenige Ende derselben, das dem grössten Abstande entspricht, scheint dagegen entfernter zu sein. Doch auf diesen Umstand werden wir erst späterhin näher eingehen. Bemerkenswerth ist es aber noch, dass, wenn die zwei fast senkrechten, jedoch nicht ganz parallelen Linien nach unten convergiren, das Verschmelzen zu einer einheitlichen Linie selbst bei einer ziemlich beträchtlichen Abweichung vom Parallelismus möglich ist, bis zu einem Convergenzwinkel von 10^0, wogegen es beim Convergiren der Linien nach oben kaum noch bei einem Convergenzwinkel von 4^0 gelingt, die Linien zu einem einheitlichen Bilde im gemeinschaftlichen Gesichtsfelde zusammenzubringen. Ein einigermassen starkes Abweichen vom Parallelismus schwächt jedoch den dominirenden Einfluss der im Uebrigen einander ähnlichen Linien auf die seitliche Einstellung der Augenachsen.

c) Eine grössere Anzahl paralleler senkrechter Striche, welche in gleicher Anordnung beiden Augen dargeboten werden, dominirt die Stellung der Augenachsen noch stärker als eine Linie jederseits, vorausgesetzt, dass eine vollständige Deckung nur auf eine Weise möglich ist. Ist aber eine vollständige Vereinigung der Bilder durch Einstellung auf identische Punkte nicht möglich, weil die Bilder verschieden sind, so ist die Einstellung der Augen, und das dadurch bedingte Sammelbild im gemeinschaftlichen Gesichtsfelde, von verschiedenen Momenten abhängig, die mit einander gleichsam wetteifern. Solche Momente sind: 1) Die relative Stärke der Contouren; unter sonst gleichen Umständen giebt diese den Ausschlag. 2) Der Umfang der Contouren, welche durch die eine oder andere Einstellung zur Deckung gebracht werden können; wenn auf eine Weise z. B. nur je 1 Linie einerseits mit je 1 Linie andererseits zur Deckung kommen kann, so ist die Wirkung *ceteris paribus* geringer, als wenn z. B. 3 ebenso grosse senkrechte Linien jederseits sich vereinigen können. 3) Es kommt ferner vor allen Dingen in Betracht, ob die Entfernung der Linien, die möglicher Weise durch die Einstellung der Augenachsen zur Deckung gebracht werden können, mehr oder weniger von dem der natürlichen Augenstellung entsprechenden Abstande abweicht; zwei senkrechte Linien, welche um diesen Abstand von einander entfernt sind, dominiren im Allgemeinen am stärksten. Dabei ist indess zu bemerken, dass Linien, deren Abstand von einander geringer ist, als derjenige, welcher der natürlichen Augenstellung entspricht, leichter zur Deckung kommen, als solche, deren Abstand grösser ist, als derselbe. 4) Endlich hat die relative Lage in den einzelnen Sehfeldern grossen Einfluss auf die Leichtigkeit und den Zwang, womit zwei Contouren im gemeinschaftlichen Gesichtsfelde zur Deckung gebracht werden. Ist die Lage in beiden Gesichtsfeldern einander entsprechend, gleich weit links oder rechts, oben oder unten, am allerbesten aber bei beiden in der Mitte, so ist der Zwang am grössten. Dies erklärt sich aus der Wahrnehmung, dass auch die leeren Gesichtsfelder durch Einstellung der Augen zur Deckung gebracht werden, wenn es durch die Augenstellung erreicht werden kann. Hiervon überzeugt man sich am besten durch einen Versuch mit zwei vorn offenen Röhren, die man auf einen hellen Grund richtet, und welche an ihren vorderen, den Augen zugewandten Enden drehbar sind. Hat man, vor Benutzung dieses Apparats, den Abstand der Drehungspunkte der beiden Augen des Beobachters, etwa in der von Listing angegebenen Weise, ermittelt, so kann man mittelst desselben leicht bestimmen, bis zu welchem Grade man auswärts schielen kann. Wenn nun eine Augenstellung möglich ist, durch welche sowohl die Grenzen beider Sehfelder, als auch einander entsprechende senkrechte Linien im Object zur Deckung gebracht werden können, so erhält diese den Vorzug. Ist Beides nicht gleichzeitig möglich, so wird dadurch das Bild des gemeinschaftlichen Gesichtsfeldes leicht unstät, indem die Augenachsen bald für die entsprechenden Objecte, bald, umgekehrt, für die Ränder der einzelnen Sehfelder eingestellt werden. Ob das Eine oder das Andere eintritt, ist von der Stärke und Schärfe der respectiven Contouren abhängig; unter sonst gleichen Umständen, und bei nicht zu starker Abweichung vom Maasse der natürlichen Augenstellung, gehen aber die Contouren der Zeichnung siegreich aus dem Wettstreite mit den begrenzenden Contouren der Sehfelder hervor.

d) Schräge Linien, die zur Deckung gebracht werden können, geben ebenfalls dominirende Objecte ab, doch ist ihr Einfluss dem der senkrechten Linien untergeordnet. Die bei diesen erwähnten Momente haben auch bei schrägen Linien Einfluss auf den Grad des Zwanges, den dieselben auf die Augenstellung ausüben.

e) Auch Punkte, die in beiden Gesichtsfeldern einander entsprechen, ziehen einander in ähnlicher Weise scheinbar an, wie senkrechte oder schräge parallele Linien, nur ist ihre Wirkung auf die Einstellung der Augenachsen unter sonst gleichen Umständen schwächer.

f) Horizontale Linien hingegen haben gar keine Wirkung auf die Stellung der Augenachsen, vorausgesetzt, dass sie die beiderseitigen Sehfelder in der Weise durchsetzen, dass nicht ihre Enden, die sich in dieser Beziehung den Punkten gleich verhalten, zur Deckung gebracht werden können. Die Augenstellung, die dabei eintritt, ist diejenige, die wir als die natürliche oder bequemste bezeichnet haben, wobei also die Linien etwa 6 Ctm. über einander verschoben erscheinen. Hiervon kann man sich leicht überzeugen, wenn man zwei, von verschiedenen Seiten her, in Centimeter eingetheilte Linien, die durch beide Gesichtsfelder gehen, durch das Stereoskop betrachtet. Bezüglich der horizontalen Linien ist indess noch zweierlei zu bemerken: Erstens muss ich anführen, dass eine Verschiebung derselben von oben nach unten mir, freilich in sehr beschränktem Maasse *), möglich ist; jedoch ist dies mit einem Gefühle von Anstrengung verbunden. Für diesen Versuch benutze ich statt des Linsenstereoskops, das durch Excentricität der Linsen hier leicht Täuschung veranlassen könnte, zwei offene Röhren, die, wie oben angegeben, an ihrem Rande in einem Gestelle drehbar sind. Biete ich dann dem einen Auge zwei horizontale Linien, die etwa 1 Ctm. von einander entfernt sind, und dem anderen Auge die Fortsetzung der oberen dieser Linien, nebst einer unter ihr gelegenen parallelen, aber 2 Ctm. von ihr entfernten Linie, so sehe ich im gemeinschaftlichen Gesichtsfelde drei einander parallele (oder fast parallele) Linien, von denen die mittlere ihren Ort etwas verändern, ja sich mit der unteren vereinigen kann, wobei dann die mit ihr zusammengehörige obere Linie zur mittleren wird, ohne dass die Linien ihre Richtung unter einander verändern. Dies ist offenbar von der Thätigkeit der *mm. recti sup.* und *inf.* abhängig, die gewöhnlich gleichnamig mit einander Schritt halten. Zweitens finde ich, bei Untersuchung mittelst desselben Apparats (wie übrigens auch mit meinen Linsenstereoskopen), dass fast horizontale Linien einander noch leicht decken, wenn sie ein Weniges, mit nach oben gerichtetem stumpfen Winkel von 175—179° gegen einander geneigt sind. Ist aber der Winkel nach unten gerichtet, so ist mir es nicht möglich, Deckung oder Parallelismus der Linien im gemeinschaftlichen Gesichtsfelde herzustellen. Dies hängt offenbar mit dem unter b) besprochenen Verhalten fast senkrechter, jedoch schwach, besonders nach unten zu, convergirender Linien zusammen, und Beides dürfte von den Rotationsbewegungen des Bulbus abhängen.

Der besprochene Einfluss der dominirenden Objecte beim binoculären Sehen macht

---

*) Gräfe fand Dasselbe durch Anwendung von Prismen, die mit nach oben oder unten gerichteter Basis vor ein Auge gehalten wurden.

sich nun besonders bemerklich, wenn in übrigens verschiedenen Bildern solche einander gleiche, am liebsten mit senkrechten Contouren versehene Gegenstände angebracht sind, die im gemeinschaftlichen Gesichtsfelde zur Deckung kommen können. Sie werden dann nämlich zur Deckung gebracht, wenn ihr Abstand nicht zu sehr von dem der natürlichen Augenstellung abweicht, und die Lage der anderen verschiedenen, nicht zur Deckung zu bringenden Objecte im gemeinschaftlichen Gesichtsfelde wird dann durch sie bestimmt. Die mit solchen dominirenden Contouren versehenen, aus übrigens ganz verschiedenen Objecten zusammengesetzten Sammelbilder zeichnen sich durch ihre Ruhe und Stetigkeit vor den in Fig. 3 und 4 angegebenen aus, indem die dominirenden Linien gleichsam Stützpunkte für die Augenstellung abgeben.

Folgendes Object (Fig. 10 und 11) möge als Beispiel dienen, wobei Figur 10 *A* das

(Fig. 10.)

A　　　　　　　　　　　*B*

(Fig. 11.)

dem linken, Fig. 10 *B* das dem rechten Auge dargebotene Bild, Fig. 11 aber das im gemeinschaftlichen Gesichtsfelde erscheinende Sammelbild bedeutet.

Hieher gehört auch der Versuch, aus zwei halben Figuren eine ganze durch Sehen mit zwei Augen zusammenzusetzen. Meyer, der denselben schon besprochen hat, fand ihn sehr schwierig, weil es schwer hielt, die Augen in der passenden Convergenzstellung fixirt zu erhalten. Schon bevor Meyer's Arbeit erschienen war, hatte ich den gleichen Versuch angestellt und Anderen gezeigt, ohne dass dabei die von ihm besprochene Schwierigkeit bemerkt worden wäre. Es kommt dabei nur darauf an, dass man, mit Berücksichtigung der natürlichen Augenstellung, in beiden Figuren senkrechte oder schräge (dominirende) Linien von einiger

(Fig. 12.)

A   B

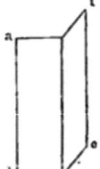 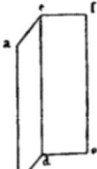

Ausdehnung, oder von solchen Linien begrenzte Flächen anbringt, die beim binoculären Sehen im gemeinschaftlichen Gesichtsfelde zur Deckung gebracht werden. Fig. 12 A und B werden z. B. leicht, Fig. 14 A und B nur mit Mühe, zu Fig. 13 combinirt. In Fig. 12 werden nämlich die längeren senkrechten Linien ab und fe die dominirenden Linien, die zur Deckung gebracht werden, in Fig. 14 hingegen die kürzeren schrägen Linien ie und ca. Wenn sich beide Hälften nur in Punkten berühren, so ist ihre Vereinigung noch schwieriger, und das Bild noch unruhiger.' Werden A und B der Fig. 12 einander bedeutend über die der natürlichen Augenstellung entsprechende Entfernung hinaus genähert, so verändert sich plötzlich, mit einem Ruck, die Combination der Fig. 13 zu dem in Fig. 15 dargestellten Sammelbilde, indem fe des Bildes A mit cd des Bildes B (statt früher mit ef) als dominirende Linien zur Deckung kommen. Verfährt man ebenso mit Fig. 14, so erscheint in gleicher Weise das in Fig. 16 dargestellte Sammelbild.

(Fig. 13.)

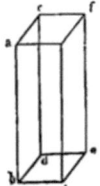

(Fig. 14.)

A   B

(Fig. 15.)   (Fig. 16.)

Anmerkung. Auf die Frage nach den Ursachen, wodurch die Augenachsen beim Mangel dominirender Objecte die natürliche Augenstellung einnehmen, bei Gegenwart derselben aber, insofern es möglich ist, eine solche Stellung erhalten, dass dieselben zur Deckung gebracht oder einfach gesehen werden, habe ich im Text nicht
eingehen wollen, da sie ausserhalb der Grenzen der Aufgabe liegt, die ich mir hier gestellt habe, nämlich
den als gegeben betrachteten Inhalt des gemeinschaftlichen Gesichtsfeldes zu untersuchen. In dieser Anmerkung will ich mir jedoch erlauben, darüber ein Paar Bemerkungen zu machen. — Man hat die Ursache der Einstellung der Augenachsen theils unmittelbar in der Sinnlichkeit selbst gesucht, theils hat
man angenommen, dass sie durch die psychischen Thätigkeiten vermittelt werde. In ersterer Beziehung
hat man sie als eine Reflexaction bezeichnet, sie auf eigenthümliche, dem Sehacte immanente Empfindungsweisen zurückgeführt, und sie als angeboren betrachtet. In letzterer Beziehung hat man sie von der Gewohnheit abgeleitet, und sie als angelernt bezeichnet. Brücke erkannte sehr wohl, dass diese beiden
Momente einander keineswegs ausschliessen, und bemerkt, dass das psychische Moment der Gewöh-

nung sich allmälig geltend machen müsse, so dass man es nicht lassen könne, den Augen die angelernte Stellung zu geben, wenn man einen Gegenstand betrachtet, dass aber von vornherein doch noch ein anderes, in der Sinnlichkeit selbst begründetes Moment, eine dem Sehacte immanente Empfindungsweise, diese allen Menschen, sowie auch den Affen, gemeinschaftliche Gewohnheit bedingen müsse. Soweit bin ich mit Brücke ganz einverstanden, und glaube, dass Gräfe Unrecht hat, sie als: entweder — oder, einander gegenüberzustellen (Deutsche Klinik. 1858. Nr. 8). Ich glaube in der That beide Momente experimentel nachweisen zu können. Den psychischen Einfluss zeigt unter anderen folgender Versuch: Wenn man wie in Fig. 23 dem einen Auge ein Pferd und dem anderen einen Reiter darbietet, so sieht man im Sammelbilde den Reiter auf dem Pferde. Wenn aber die Augenstellung, die erforderlich ist, um den Reiter am rechten Platze zu sehen, für den Beobachter etwas unbequem ist, so nimmt der Reiter nicht sogleich seinen Sitz ein, sondern er sitzt (je nach der Entfernung beider Bilder) entweder auf dem Schwanze oder auf dem Halse des Pferdes. Bei längerem Hineinsehen aber setzt er sich, nach einigen schwankenden Bewegungen, richtig in den Sattel und behauptet dann seine Stellung. Hier ist es offenbar Phantasie und Wille, welche die Einstellung der Augenachsen bestimmen. Hat man sich etwas in dieser Beobachtungsweise geübt, so nehmen die Augenachsen sogleich die entsprechende Stellung ein. Ebenso findet man bei der Betrachtung der halben Figuren in Fig. 12 und 14, dass die Augenachsen nicht ruhen, bevor sie eine Stellung erhalten haben, die ein wahrscheinliches Bild im gemeinschaftlichen Gesichtsfelde gewährt, sei es nun Fig. 13, oder Fig. 15, oder Fig. 16. Ist eines dieser Bilder erlangt, so wird die demselben entsprechende Augenstellung beibehalten, ohne Zweifel weil die Vorstellung dabei befriedigt und beruhigt ist. Ebenso scheint es mir besonders der Vorstellung der grossen Nähe der Bilder herzurühren, dass solche Beobachter, die nicht im stereoskopischen Sehen gewöhnt sind, anfangs gewöhnlich einander störende Doppelbilder wahrnehmen. Ich habe nämlich gefunden, dass Personen, die von der Lage der Bilder gar keinen Begriff hatten, sondern, wie Kinder, ganz unbefangen und gedankenlos in das Instrument hineinschauten, die Bilder gewöhnlich sogleich einheitlich sahen, während denkende, aber ungeübte Beobachter anfangs meist mit den Doppelbildern zu kämpfen hatten. Indem nun ein solcher Beobachter sich durch Veränderung der Stellung seiner Augenachsen bemüht, richtig oder sachgemäss zu sehen, erscheint ihm endlich das richtige Sammelbild, und geistig befriedigt hält er dieses fest. Die von Gräfe (Deutsche Klinik. 1858. Nr. 8) mitgetheilte Erfahrung, dass die Gesetze des Zusammenwirkens der Augenbewegungen durch Exclusion eines Auges bei Kindern fast immer und viel schneller pervertirt werden, als bei Erwachsenen, findet durch diesen Antheil des psychischen Einflusses ihre Erklärung, ohne dass dadurch der Antheil des angeborenen, rein sinnlichen Moments nothwendig ausgeschlossen würde. Die in den beiden vorhergehenden Paragraphen bezüglich der natürlichen Augenstellung und der dominirenden Objecte angeführten Verhältnisse dürften aber andererseits zeigen, dass das psychische Moment nicht allein bestimmend ist. Denn wenn die hellen Gesichtsfelder nur von einer horizontalen Linie durchzogen sind, die am einen Ende durch einen senkrechten Strich begrenzt ist, so haben die Augen offenbar kein psychisches Motiv, sich anders einzustellen, als wenn die Augen wie zum Schlafen geschlossen wären. Wenn sie, vom Lichte afficirt, doch eine andere, weniger convergirende Stellung einnehmen, so steht wenigstens zu vermuthen, dass dies durch eine Art Reflexthätigkeit bedingt ist. Wenn ferner jederseits ein senkrechter Strich am Ende einer horizontalen Linie angebracht ist, wie in Fig. 5, so ist ferner gar kein psychisches Motiv vorhanden, die Augen so einzustellen, dass die beiden senkrechten Linien zur Deckung gebracht und einfach gesehen werden, wie in Fig. 6. Selbst das Bewusstsein, dass zwei Striche vorhanden sind, vermag nicht diese Einstellung zu verhindern. Wenn bei der Bewegung der einen senkrechten Linie die Augenachsen ganz unwillkürlich der Bewegung so folgen, dass die Linien einander fortwährend decken, selbst wenn man weiss, dass man dadurch Etwas sieht, das der Wirklichkeit gar nicht entspricht, so kann das nicht von psychischen Thätigkeiten abgeleitet werden. Wenn ferner, bei zu grosser Näherung der Striche an einander, ein Bild, wie in Fig. 7, oder bei zu grosser Entfernung von einander ein Bild, wie in Fig. 9, im gemeinschaftlichen Gesichtsfelde erscheint, so ist dies Bild weder unwahrscheinlich, noch unangenehm, noch unbestimmt. In diesen Fällen scheint mir eine der Sinnlichkeit immanente Reflexaction unverkennbar zu sein, die als solche wohl angeboren sein muss. Wenn aber Brücke, und nach ihm viele Andere, die dem Sehacte immanente, angeborne Empfindungsweise, von der diese Reflexaction abhängt, „Scheu vor Doppelbildern" nennt, oder wenn man neben diesem Abscheu vor den Doppelbildern auch noch von einem „Drange nach Einfachsehen" spricht, so kann ich mit dieser Bezeichnungsweise besonders darum nicht einverstanden sein, weil durch sie wiederum das sinnliche Moment, das man eigentlich auf diese Weise bezeichnen will, mit dem psychischen confundirt wird. Als eine specifische „inäquate" und besonders unangenehme Erregungsweise existirt nämlich die sogenannte Scheu vor Doppelbildern oder ein Abscheu gegen dieselben gar nicht. Dies geht schon aus den angeführten Beispielen in Fig. 7 und 9 hinlänglich hervor. Auf die complicirten Doppelbilder werden wir später ausführlicher eingehen und bezüglich ihrer sehen, dass sie das Auge wohl stark erregen und ermüden können, dass sie aber an und für sich gar nicht unangenehm sind, ebensowenig wie z. B. ein, ebenfalls die Augen stark angreifendes, Feuerwerk. Die Unannehmlichkeit, die man bei diesen complicirten Doppelbildern empfindet, hat ganz entschieden einen rein psychischen Grund, nämlich den, dass wir etwas Anderes sehen wollen, als was wir sehen, dass wir, bei der inneren Unwahrscheinlichkeit des Bildes, uns vergebens abmühen, durch eine Veränderung der Augenstellung ein vernünftiges, der Wirklichkeit entsprechendes Bild zu erlangen. Dieser Ausdruck ist daher für das die Reflexaction bedingende, angeborene, rein sinnliche, dem Sehacte immanente Moment sehr unpassend gewählt.

Wenn wir somit für die Einstellung der Augenachsen auf das betrachtete Object sowohl den Einfluss der psychischen Thätigkeiten, als auch die Einwirkung einer, die Reflexaction auf die Augenmuskeln vermittelnden, eigenthümlichen, dem Sehacte immanenten Empfindungs- oder Nervenerregungsweise annehmen, so haben wir für eine solche Annahme mehrere Analoga in der Sphäre des vegetativen Lebens, wie ja z. B. die Respirationsbewegungen bekanntlich, in ganz ähnlicher Weise, einerseits vom Willen, unter Einfluss der Aufmerksamkeit u. s. w. influencirt, andererseits aber von einer eigenthümlichen Reflexaction bedingt werden.

§. 3.

Eine in den bisher mitgetheilten Versuchen sehr auffällige Erscheinung ist die, dass die Contouren sich überall viel stärker geltend machen, als die Grundfärbung. Obgleich z. B. in Fig. 10 *B* die Wand des Hauses weiss ist, erscheinen im Sammelbilde die Fenster ganz deutlich und bleibend an ihrem Platze. Wenn dem einen Auge eine gleichmässige Grundfärbung, dem anderen Auge hingegen Contouren dargeboten werden, so sind die Contouren im Sammelbilde des gemeinschaftlichen Gesichtsfeldes immer ganz scharf und deutlich vorhanden, die Färbung der Contouren und des Grundes sei, welche sie wolle. Eine schwarze Contour macht sich ebensowohl auf einem weissen Grunde geltend als eine weisse Contour auf schwarzem Grunde; obgleich Weiss die Retina sonst viel stärker erregt als Schwarz, macht das begrenzte Schwarz der Contour des einen Bildes sich doch im Sammelbilde ungleich stärker geltend, als das unbegrenzte Weiss des dem anderen Bilde angehörigen Grundes, ja das Weiss kommt meist gar nicht zu bemerkbarer Geltung, indem die Contouren des Sammelbildes gewöhnlich ebenso schwarz erscheinen, wie im ursprünglichen, dem einen Auge dargebotenen Bilde.

§. 4.

Aendert man den Versuch in der Weise ab, dass man dem einen Auge ein mit Contouren versehenes Feld, dem anderen Auge ein abweichend, aber gleichmässig gefärbtes Feld darbietet, dessen Helligkeit beträchtlich von der des anderen Feldes abweicht, so sieht man im gemeinschaftlichen Gesichtsfelde die Contouren von der sie wirklich begrenzenden Grundfärbung, wie von einem Schatten oder Heiligenschein umgeben, wogegen die Mischfarbe beider Felder sich weiter seitlich geltend macht. Hieher gehört H. Meyer's oben angeführter Grundversuch, und die beiden ersten der später von ihm mitgetheilten Versuche. Ich hatte schon, bevor ich Meyer's Versuche kannte, diese Erscheinungen etwas anders modificirt beobachtet, und da gerade diese Modificationen mir besonders instructiv zu sein scheinen, theile ich sie hier mit. Bietet man dem einen Auge ein schwarzes Feld mit am besten etwa 4 Centimeter vom Rande entfernten weissen Linien, kleinen Kreisen oder Punkten (Fig. 17 *B*), und dem anderen Auge ein helles, weisses Feld (Fig. 17 *A*), oder den grauen Himmel, die Milchglaskuppel einer Studirlampe oder dergleichen dar, so sieht man (Fig. 18) die weissen Zeichnungen im gemeinschaftlichen Gesichtsfelde von einem dichten, schwarzen Schatten umgeben, auf dem grauen oder, besonders an der Grenze des schwarzen Feldes, fast weissen Grunde. Dieser schwarze Schatten ist besonders stark hervortretend, wo ein kleines Stück des schwarzen Grundes von den weissen Linien begrenzt ist, also in ganz kleinen Figuren von 1 bis 2 Millimeter, oder zwischen zwei einander nahen, am liebsten senkrechten Linien. — Dasselbe scheinbare Abheben des benachbarten Grundes mit der Contour wiederholt sich, wenn man schwarze Zeichnungen auf weissem

(Fig. 17.)

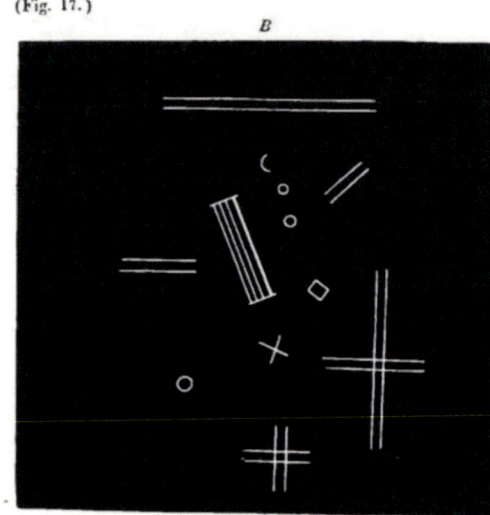

(Fig. 18.)

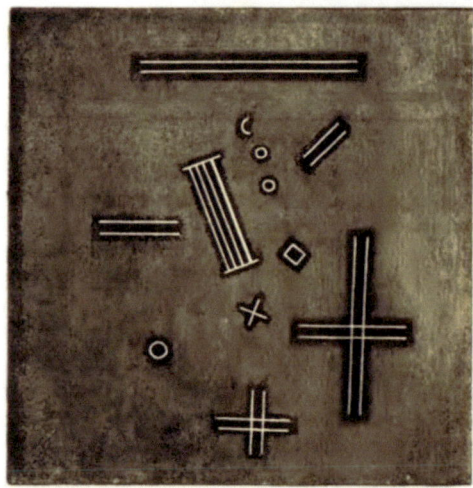

Grunde dem einen Auge in entsprechender Weise darbietet, während man mit dem anderen Auge einen schwarzen Grund betrachtet. Es erscheinen alsdann die schwarzen Zeichnungen im gemeinschaftlichen Gesichtsfelde von einem weissen Scheine umgeben, der unter den oben genannten Verhältnissen zum entschiedenen Weiss wird. Hat man die Zeichnungen auf weissem

Grunde angebracht, bietet aber dem anderen Auge statt des schwarzen Grundes eine noch heller erleuchtete weisse, gleichmässige Fläche dar, so hat man im gemeinschaftlichen Gesichtsfelde ein eigenthümliches Bild, als wären die Contouren auf Glas gezeichnet, durch das man hindurchschaut, und an den Rändern der Contouren erkennt man einen Saum, der, aus dem matteren oder schwächeren Weiss gebildet, um so stärker ist, je verschiedener die Helligkeit der beiden Felder war. Bringt man endlich die Contouren auf farbigem Grunde an, und bietet dem anderen Auge eine weisse oder anders gefärbte Fläche ohne Contouren dar, so erscheint auch hier die Contour von der ihr wirklich angrenzenden Färbung umgeben, vorausgesetzt, dass die Helligkeit beider Grundfärbungen sehr verschieden ist. Am günstigsten ist es, wenn das gleichmässige Feld, auf dem keine Contouren verzeichnet sind, heller ist, als das mit Contouren versehene. Bei Anwendung verschiedener Farben muss die Wahl so getroffen werden, dass das Abwechseln der Farben sich mehr bemerklich macht als die Mischfarbe. Während nämlich die Mischfarbe im gemeinschaftlichen Gesichtsfelde bestimmt vorwaltet, wird kein Saum an der Contour deutlich wahrgenommen; wenn aber das gemeinschaftliche Gesichtsfeld durch beide Grundfarben fleckig erscheint, oder wenn beide abwechselnd wahrgenommen werden, so bemerkt man, dass der Contour zunächst die derselben wirklich angrenzende Farbe dominirt, und beim Farbenwechsel der anderen Partien sich behauptet.

Hiermit steht eine recht auffallende Erscheinung in unmittelbarem Zusammenhange. Bringt man nämlich im Gesichtsfelde des einen Auges eine recht grelle Farbe an, z. B. Rothgelb, im Gesichtsfelde des anderen Auges ein schwaches Blau, und zwischen beiden einen etwa 3 Centimeter breiten weissen Streifen, so erscheint an der Stelle desselben im gemeinschaftlichen Gesichtsfelde eine Mischfarbe, in der indess das Gelbroth entschieden überwiegt. Schiebt man nun, von der Seite des Blau her, ein diesem an Farbe und Grösse genau gleiches blaues Feld ein, auf dem aber Contouren verzeichnet sind, so erhält die Mischfarbe einen auffallend starken Stich ins Blaue, oder wird selbst ganz blau. Entfernt man das mit Contouren bezeichnete Blau, so wird wieder das Gelbroth in der Mischung überwiegend.

Am schönsten sieht man das Phänomen jedoch, wenn man als gleichmässiges Feld den klaren Himmel oder ein von der Sonne beschienenes weisses Papier, oder eine andere recht glänzend weisse Fläche dem einen Auge darbietet, und die Contouren, die dem anderen Auge geboten werden, auf ein schwach erleuchtetes, ziemlich dunkles, aber mit entschiedener Farbe gefärbtes Feld auftrug, oder wenn man umgekehrt eine ganz schwarze, gleichmässige Fläche dem einen Auge darbietet, dem anderen aber Contouren auf recht lebhaft gefärbtem Grunde. z. B. auf einem von hinten beleuchteten farbigen Glase.

§. 5.

Dass der objective Sinneseindruck, der durch die Contouren hervorgebracht wird, ein besonders starker ist, und dass derselbe noch besonders durch den Contrast gegen den Grund erhöht wird, könnte wohl mit grosser Wahrscheinlichkeit schon aus den oben mitgetheilten Thatsachen geschlossen werden; es könnte einer solchen Schlussfolgerung aber noch die Möglichkeit entgegengestellt werden, dass das psychische Moment der Aufmerksamkeit die Empfindung verstärke, und dass der objective Sinneseindruck vielleicht gar nicht so stark sei.

Folgende Erscheinungen dürften indess beweisen, dass die Stärke der sinnlichen Erregung an sich sehr gross ist, auch ohne dass eine Verstärkung oder Verschärfung derselben durch die Aufmerksamkeit hinzutritt:

Wenn man die Versuche in der angegebenen Weise mit lineären Contouren auf farbigem Grunde anstellt, so bemerkt man, dass nach Verlauf kurzer Zeit inducirte Farben der Contouren auftreten. Ganz besonders schön treten dieselben auf, wenn man schwarze Contouren auf farbigem Grunde anbringt, und dem anderen Auge den grau bewölkten Himmel oder ein durch das directe Tageslicht beleuchtetes anders gefärbtes Glas, als gleichmässiges Feld darbietet. Die Farbe, welche inducirt wird, ist dabei allein abhängig von der Farbe des Grundes, auf dem die Contouren verzeichnet sind, ist hingegen ziemlich unabhängig von der Färbung des gleichmässigen Feldes. Schwarze Contouren auf hellblauem Grunde werden für meine Augen immer roth im gemeinschaftlichen Gesichtsfelde, gleichgültig ob die Farben durch den klaren Himmel, oder durch roth, gelb, grün oder dunkelblau gefärbte Gläser inducirt werden. Schwarze Contouren oder Flecken auf einem dunkelroth gefärbten Glase werden durch dasselbe Verfahren immer tiefblau. Noch schneller und sehr schön tritt sowohl die inducirte Farbe der Contouren, als der, durch die denselben angrenzende Grundfärbung bestimmte, gefärbte Hof im gemeinschaftlichen Gesichtsfelde auf, wenn man abwechselnd den klaren Himmel und ein durch denselben erleuchtetes, gleichmässig gefärbtes Glas dem anderen Auge darbietet.

Ferner ist es bemerkenswerth, und spricht entschieden für unsere Auffassungsweise, dass man ganz analoge Erscheinungen beim monoculären Sehen hervorbringen kann. Wenn ich ein Fensterkreuz, oder noch besser, ein kleines, schwarzes, auf klares weisses Glas geklebtes Kreuz gegen den klaren Himmel halte, es so lange mit einem Auge fixire, bis ein Nachbild desselben entstanden ist, und dann ein gefärbtes Glas, bei unverändertem Fixiren des Objects, vor das Auge halte, so erscheint die Farbe dem Kreuze zunächst viel heller. Bewege ich das gefärbte Glas während des Fixirens eine Zeit lang schnell am Auge vorbei, so dass das Kreuz bald auf hellem weissen, bald auf erleuchtetem farbigen Grunde erscheint, so sehe ich es bald von einem Hofe von der Farbe des gefärbten Glases umgeben, und setze ich den Versuch noch eine Weile fort, so erscheint das Kreuz durch eine inducirte Farbe gefärbt, und zwar durch gerade dieselbe, die unter entsprechenden Verhältnissen beim binoculären Sehen auftritt.

Es dürfte aus allen diesen Thatsachen gefolgert werden können, dass die Contouren, welche auf einer Retina abgebildet werden, an sich das Centralorgan des Sehens, im Gehirn, viel stärker erregen, als eine gleichmässige, wenn auch viel lebhaftere Grundfärbung, dass aber auch die Empfindung der der Contour zunächst anliegenden Grundfärbung viel lebhafter ist, als die Empfindung der von den Contouren weiter abliegenden Grundfärbung. Dies gilt, wie die letztangeführten Versuche zeigen, auch vom Sehen mit einem Auge; auch hier verändert das Bild der Contour den Erregungszustand, nicht nur der von ihr getroffenen, sondern auch der ihr angrenzenden Netzhauttheilchen. Beim Sehen mit zwei Augen ist die Erscheinung nur viel auffallender, was theils davon herrühren dürfte, dass die ungleichartigen Erregungen beim binoculären Sehen gleichzeitig stattgaben, so dass der stärkere Erregungszustand der der Contour anliegenden Netzhautpartien bleibend ist, und ruhig beobachtet werden kann, während er beim monoculären Sehen nur vorübergehend ist; theils möchte es aber auch davon abhängen, dass die sensorielle Erregung des Centralorgans beim binoculären Sehen überhaupt stärker ist, was sich schon durch die grössere Helligkeit des gemeinschaftlichen, als des einzelnen Gesichtsfeldes, kund giebt.

Dass es die Stärke der sinnlichen Erregung an sich ist, die, unabhängig von psychischen Einflüssen, die angeführten Erscheinungen bedingt, geht auch noch daraus hervor, dass die subjective Empfindlichkeit der Netzhaut sich bei all den genannten Versuchen in ausgezeichneter Weise geltend macht. Wenn diese Empfindlichkeit grösser ist, so treten die Schatten oder Höfe an den Contouren viel stärker auf, und zugleich erscheinen die subjectiven Inductionsfarben viel leichter und selbst unter Verhältnissen, unter denen sie bei geringerer Empfindlichkeit nicht wahrgenommen werden.

§. 6.

Bietet man dem einen Auge ein Paar horizontale Linien dar, welche etwa 1 bis 2 Millimeter von einander entfernt sind (Fig. 19 A), dem anderen Auge ein Paar senkrechte Linien, deren Entfernung von einander ebenso gross ist (Fig. 19 B), und betrachtet diese Linien

(Fig. 19.)

A   B

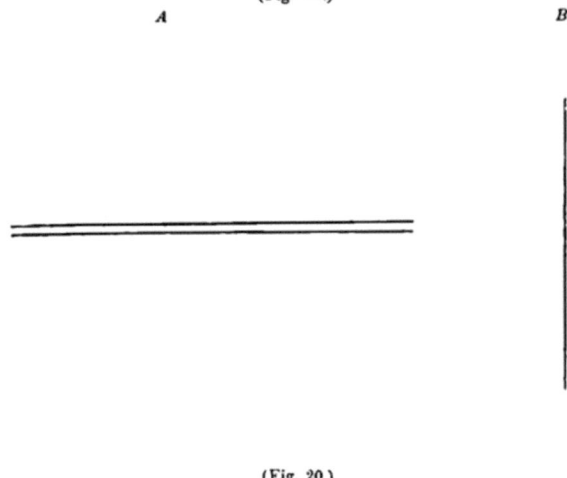

(Fig. 20.)

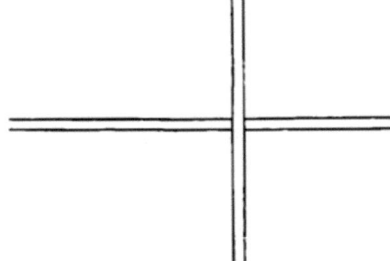

so, dass sie sich im gemeinschaftlichen Gesichtsfelde kreuzen, so findet man, dass die Kreuzungsstelle immer unvollständig ist (Fig. 20). Es fehlen entweder, wie in unserer Zeichnung, die horizontalen Striche zwischen den senkrechten Linien, und dieser Fall tritt bei mir am häufigsten ein, oder es fehlen die senkrechten Striche zwischen den horizontalen, oder es fehlt Etwas von den horizontalen oder senkrechten Strichen an der äusseren Seite der anderen. Bei längerer Betrachtung ergänzt sich freilich bisweilen das Fehlende, aber dann verschwindet ein anderer Theil der Linien an der Kreuzungsstelle, und es ist ganz unmöglich, das Kreuz rein und vollständig, mit scharfen und deutlichen Contouren an der Kreuzungsstelle durchzuführen. Noch auffallender wird die Erscheinung, wenn man eine grössere Zahl einander ziemlich naher, senkrechter und horizontaler Striche in der angegebenen Weise im gemeinschaftlichen Gesichtsfelde zur Kreuzung bringt.

Auch bei Betrachtung mehrerer der im Vorhergehenden angeführten Zeichnungen für binoculäres Sehen, hätte man diese Erscheinung des Verschwindens einer Contour des einen Auges durch eine andere Contour des anderen Auges beobachten können.

In Fig. 2 und Fig. 9 z. B. wird man die senkrechte oder die horizontale Linie an der Kreuzungsstelle etwas weniger deutlich sehen als die andere, und ausserdem wird man oft finden, dass verschiedene Zahlen einander bedecken, z. B. 0 und 6, 1 und 7, 2 und 8, 3 und 9 in Fig 2; 0 und 6, 1 und 7, 2 und 8 in Fig. 9, und zwar in der Weise, dass die eine oder die andere der einander deckenden Zahlen gar nicht oder nur ganz schwach und schattenhaft sichtbar ist, während die andere recht scharf und deutlich dasteht.

Hieher gehört auch eine von H. Meyer mitgetheilte Beobachtung, die er machte, als er mit Hülfe des Stereoskops eine ganze Figur aus zwei halben dadurch zu erzeugen suchte, dass er jedem Auge die entsprechende Hälfte darbot. Er fand nämlich, dass dabei niemals ein deutliches Uebergehen der einen Figur in die andere, und die davon abhängige Bildung einer scharfen, ununterbrochenen Figur zu Stande komme; denn an denjenigen Stellen, an welchen beide Figuren sich berührten, war die Zeichnung immer unrein und matt. Dies konnte kaum dadurch beseitigt werden, dass die beiden Theilstücke der Figur etwas grösser als die Hälfte genommen wurden und sich theilweise deckten. Auch bei den von uns in Fig. 12 und 14 gewählten Objecten kann man bemerken, dass an den Berührungsstellen die Linien der Sammelfigur gleichsam verwischt sind und nicht mit untadelhafter Schärfe erscheinen. Doch ist diese Erscheinung bei obigen Figuren keineswegs sehr hervortretend. Sie wird nur da bemerkt, wo die Linien, die den verschiedenen Bildern angehören, einander kreuzen oder nur berühren, ohne zur vollständigen Deckung zu gelangen; die vollständig zur Deckung gebrachten, in beiden Bildern enthaltenen Linien erscheinen im Gegentheil verstärkt und besonders deutlich im gemeinschaftlichen Gesichtsfelde. Eine Vergrösserung der Theilstücke, indem sie etwas grösser als die Hälfte genommen werden, ist freilich nicht ein geeignetes Mittel, um die Collision der Contouren beider Netzhautbilder im gemeinschaftlichen Gesichtsfelde möglichst zu vermeiden. Irrthümlich ist es aber, wenn Meyer dem „unbehaglichen Eindruck", den diese verwaschenen Stellen der Zeichnung erzeugten, die Unruhe und den Mangel an Stetigkeit in der Fixirung der Augenachsen zuschrieb. Wir haben nämlich oben gesehen, dass die Ursache dieser Unruhe eine andere ist, und dass sie durch die Gegenwart dominirender Linien von gehöriger Ausdehnung in den Figuren, gehoben wird.

Ein Paar andere Modificationen dieser Versuche lassen die in Rede stehende Art der Wechselwirkung ungleicher Contouren, welche auf identische oder fast identische Netzhautstellen fallen, in noch weit auffallenderer Weise hervortreten.

Man biete dem einen Auge die Zeichnung eines Netzwerks dar, dessen Contouren ziemlich fein, aber recht scharf sind, und dessen Maschen etwa 2 bis 3 Millimeter gross sind, dem anderen Auge aber die Zeichnung eines starken Kreuzes, mit etwa 16 Millimeter dicken Balken. Kreuz und Netzwerk seien von gleicher Färbung, z. B. schwarz oder weiss, und der Grund sei ebenfalls auf beiden Seiten gleich, einerlei, ob weiss oder schwarz, aber von der Farbe der

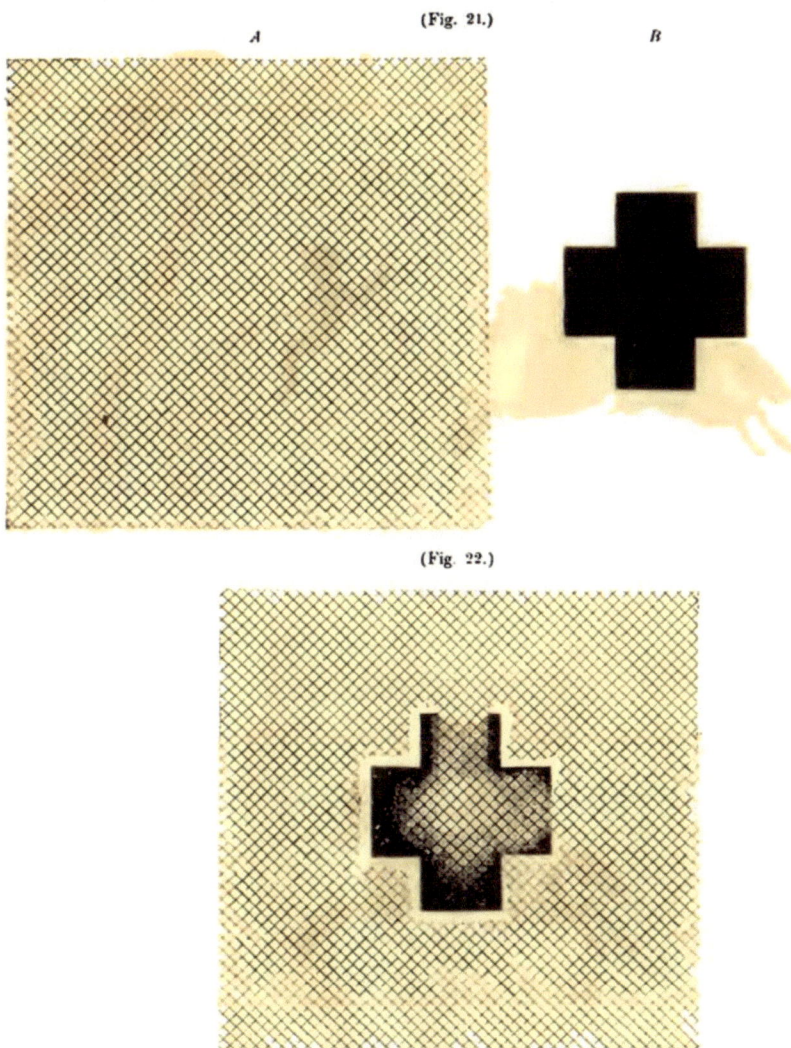

(Fig. 21.)

A   B

(Fig. 22.)

auf ihm verzeichneten Contouren selbstverständlich verschieden (Fig. 21 A und B). Im gemeinschaftlichen Gesichtsfelde sieht man dann (Fig. 22) die Mitte des Kreuzes nicht mit der demselben wirklich zukommenden Färbung, sondern sie erscheint durch das Netzwerk des anderen Auges ausgefüllt, und die Maschenräume erscheinen mit ihrer eigenen weissen oder schwarzen Grundfärbung, der nur ein wenig Grau beigemischt ist. Dies ist in Uebereinstimmung mit der §. 4 besprochenen Erscheinung, der zufolge Contouren mit der ihnen wirklich anliegenden Grundfärbung im gemeinschaftlichen Gesichtsfelde einen gleichmässigen, wenn auch viel lebhafter und stärker erleuchteten Grund, der dem anderen Auge dargeboten wird, verdrängen.

(Fig. 23.)

A   B

(Fig. 24.)

Die Mitte des, im Verhältniss zu den feinen Contouren des Netzwerks, sehr dicken Kreuzes verhält sich nämlich diesen gegenüber wie eine gleichmässig gefärbte Fläche, und es ist demnach begreiflich, dass das Netzwerk hier so gut wie bleibend gesehen wird. An den Grenzen des

Kreuzes aber wetteifert gleichsam die Contour des Kreuzes mit der Macht der Contouren des Netzwerks. Beide werden weniger deutlich als beim monoculären Sehen, aber abwechselnd tritt das Netzwerk stärker hervor und macht die Contour des Kreuzes ganz unsichtbar, oder die Contour des Kreuzes tritt deutlicher hervor auf Kosten des Netzwerks. Dabei ist indess zu bemerken, dass das feine Netzwerk unter sonst gleichen Umständen, bei gleicher Beleuchtung u. s. w., das Uebergewicht über die Contouren des Kreuzes behält. In Fig. 22 habe ich versucht, dieses unruhige Sammelbild darzustellen.

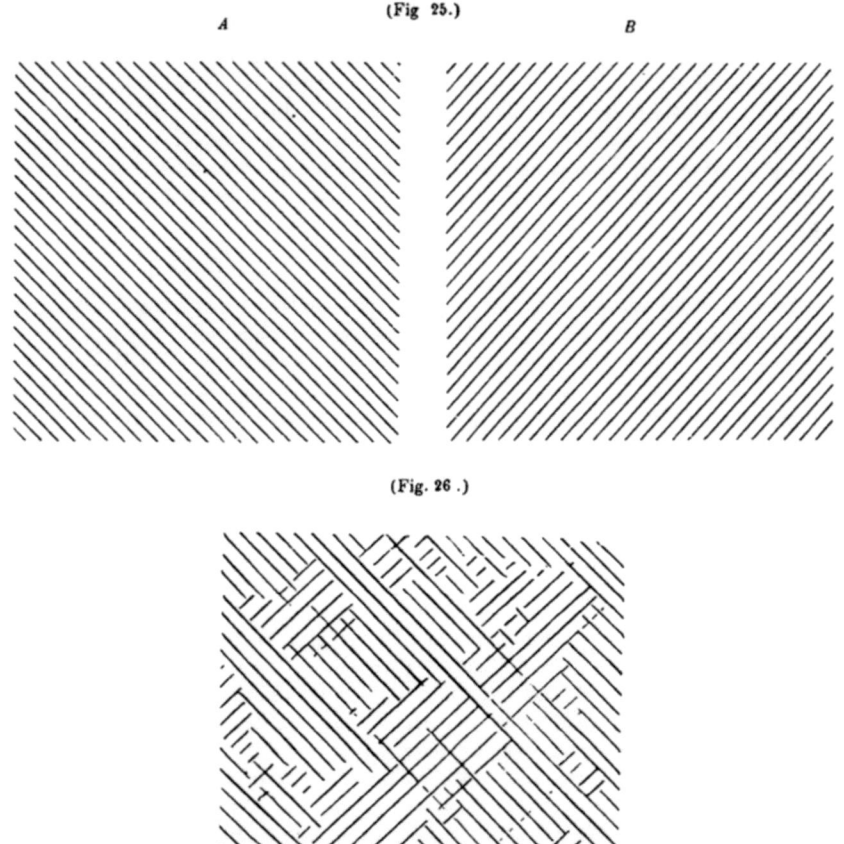

(Fig 25.)

(Fig. 26.)

Im Wesentlichen Dasselbe zeigend, in seiner Erscheinung aber doch anders, ist der Fall, wo man zwei grössere, von einander verschiedene Objecte im Sammelbilde des gemeinschaftlichen Gesichtsfeldes zur Kreuzung oder Berührung bringt. In diesem Falle sieht man nämlich die Contour des einen, wie die des anderen Objects; im Umfange dieser Contouren ist aber die Färbung des Objects durch die denselben anliegende Färbung des Grundes verwischt. Fig. 23 A und B geben z. B. ein Sammelbild wie etwa Fig 24.

Das Wetteifern der Contouren tritt hier also zurück gegen die oben in §. 3 und 4 besprochenen Erscheinungen, dass die Contouren des einen Bildes sich auf Kosten der gleichmässig gefärbten Flächen des anderen Bildes geltend machen, und dass die Contouren die ihnen im monoculären Bilde anliegende Grundfärbung mit in das Sammelbild des gemeinschaftlichen Gesichtsfeldes hinübernehmen. Das Wetteifern der Contouren ist am stärksten hervortretend, wenn die verschiedenen Contouren der beiden Bilder einander an Dicke und Lichtstärke möglichst gleich sind, z. B. in Fig. 25 A und B. Das daraus resultirende Sammelbild im gemeinschaftlichen Gesichtsfelde lässt sich seiner fortwährenden unruhigen Veränderung halber nicht gut zeichnen; bald erscheinen die schrägen Striche der Seite A, bald die der Seite B allein, meist sind aber einige von beiden vorhanden, und zwar so, dass an einer Stelle die schrägen Striche der einen, an einer anderen Stelle die der anderen Seite überwiegen, während wiederum an anderen beide, aber schwächer, gleichsam verwaschen oder verwischt, zum Vorschein kommen; etwa wie in Fig. 26.

§. 7.

Man muss bei all den angeführten Versuchen die bei den Meisten verschiedene Accommodationsfähigkeit und Empfindlichkeit beider Augen berücksichtigen, wodurch in der Regel das eine Auge unter sonst gleichen Umständen ein Uebergewicht über das andere beim binoculären Sehen behauptet. Namentlich ist dies nothwendig, wenn man Vergleichungen über die verschiedene Intensität, mit der sich qualitativ verschiedene Bilder im gemeinschaftlichen Gesichtsfelde geltend machen, anstellen will. Nimmt man hierauf Rücksicht, so wird man indess finden, dass mehrere schwache Contouren sich bei Collision mit Contouren des anderen Netzhautbildes im gemeinschaftlichen Gesichtsfelde stärker geltend machen, als eine starke, ja, dass eine verhältnissmässig dünne Contour eine dicke des anderen Gesichtsfeldes mehr stört und verdrängt, als umgekehrt.

§. 8.

Stellt man die in den vorhergehenden Paragraphen besprochenen Versuche mit verschiedenfarbigen Objecten an, so findet man Folgendes:

a) Wenn man zwei gleichmässig, aber verschieden gefärbte Felder, die durch einen etwa 3 Centimeter breiten, weissen oder schwarzen Streifen so getrennt sind, dass derselbe sowohl dem rechten als dem linken Auge als nach innen liegend sichtbar ist, so sind die Erscheinungen, die man im gemeinschaftlichen Gesichtsfelde wahrnimmt, folgende:

Die Farbe a des rechten Feldes und die Farbe b des linken Feldes sind in der Mitte des gemeinschaftlichen Gesichtsfeldes zur Deckung gebracht und bilden einen Streifen, der beiderseits von einem respective fast weissen oder fast schwarzen Streifen seitlich begrenzt ist. Der durch Deckung der beiderseitigen Farben auf correspondirenden Netzhautstellen gebildete Streifen zeigt aber keine gleichmässige Färbung, sondern an der linken Seite dominirt die Farbe a des rechten Feldes, und an der rechten Seite dominirt die Farbe b des linken Feldes. Hart am Rande ist immer die eine wie die andere dieser Farben bestimmt ausgesprochen, durch den Streifen hindurch liegt aber eine ganz allmälige Schattirung der einen Farbe in die andere hinüber. In dieser Schattirung hat man verschiedene Abstufungen der Mischfarben beider Felder, indem an der linken Seite die Farbe a des rechten, an der rechten Seite die Farbe b des linken Feldes in der Mischung vorherrscht. Diese Schattirung ist aber keine beständige, sondern abwechselnd gewinnt das Ueberwiegen der einen und der anderen Farbe in der Mischung eine grössere Ausbreitung, so dass, bei Nichtbeachtung des Unterschiedes der doch vorhandenen Mischungsfarbe von der dominirenden ursprünglichen Farbe, der Strich fast ganz von der respectiven Farbe a oder b eingenommen zu sein scheint. Je greller die Farben durch ihre Lebhaftigkeit von einander verschieden sind, desto unruhiger ist dieser Wechsel.

Die Farbennüancen der Schattirung des Streifens sind etwas verschieden, je nachdem der Streifen, der die Felder trennt, schwarz oder weiss ist, je nachdem mithin der farbige Streifen des gemeinschaftlichen Gesichtsfeldes seitlich von Weiss oder von Schwarz begrenzt erscheint.

Achtet man auf dieses seitlich gelegene Weiss oder Schwarz, so findet man ferner, dass es rechts und links nicht ganz gleich ist, sondern rechts einen Stich in die Farbe a des rechten, links einen Stich in die Farbe b des linken Feldes hat.

Durch Veränderung der Stellung der Augenachsen kann der durch Deckung der beiderseitigen gefärbten Felder im gemeinschaftlichen Gesichtsfelde entstandene Streifen verschwinden, indem die senkrechte Begrenzungslinie zwischen den gefärbten Feldern und dem respective weissen oder schwarzen Streifen sich als eine die Augenstellung dominirende Contour geltend macht (s. oben §. 2). In diesem Falle ist der respective weisse oder schwarze Streifen ganz aus dem gemeinschaftlichen Gesichtsfelde verschwunden und seitlich sieht man Nichts von der oben besprochenen Begrenzung durch Weiss oder Schwarz. Man sieht dann die Farben beider Felder, respective mit Weiss oder Schwarz zu einer Mischfarbe verschmolzen, in der der wirklichen entsprechenden Lage unmittelbar aneinanderstossen. Bei hellen Farben gelingt dies leicht, wenn der trennende Streifen weiss war, und man kann dann die doch vorhandene Mischung des Weiss mit der respectiven Farbe leicht übersehen. War der zwei lebhafte Farben trennende Streifen hingegen schwarz, so dominirt das Schwarz am meisten da, wo die beiden mit Schwarz gemischten Farben zusammenstossen, und es tritt jederseits ein abwechselndes Vorwalten des Schwarz und der respectiven Farbe ein, wodurch ein sehr unruhiges Bild entsteht.

Bezüglich der bei diesen wie bei den folgenden Versuchen im gemeinschaftlichen Gesichtsfelde auftretenden Mischfarben ist noch zu bemerken, dass sie den von Helmholz für die reinen Farben des Prisma angegebenen, und nicht den alten, für Mischung der Pigmentfarben gültigen Regeln im Allgemeinen entsprechen.

b) Wenn man verschiedenfarbige Streifen, Kreuze oder andere schmälere, der Form nach einander gleiche Objecte auf verschiedenfarbigem Grunde anbringt, und sie durch passende Einstellung der Augenachsen im gemeinschaftlichen Gesichtsfelde zur gegenseitigen Deckung bringt, wie H. Meyer es in seiner zweiten Versuchsreihe gethan hat (s. oben S. 11), so treten, je nach der Wahl der Farben, je nach der Breite der Streifen, und je nach der Färbung des Grundes, etwas verschiedene Erscheinungen auf. Wenn die eine Farbe die andere sehr an Helligkeit übertrifft, so kann es sich ereignen, dass man, wie Meyer angiebt, nur die lebhafteste Farbe wahrnimmt. Beobachtet man aber die Farbennüancen genau, so wird man selbst in diesem Falle finden, dass der lebhaften Farbe, die im gemeinschaftlichen Gesichtsfelde dominirt, von der schwächeren Farbe des anderen Kreuzes Etwas beigemischt ist. Hiervon kann man sich schon zum Theil durch abwechselndes Oeffnen und Schliessen des einen Auges überzeugen, indem man dabei die reine ursprüngliche Farbe mit der im gemeinschaftlichen Gesichtsfelde wahrgenommenen vergleicht. Noch überzeugender wird es aber, wenn man **gleichzeitig die ursprüngliche Farbe und die Mischfarbe** des gemeinschaftlichen Gesichtsfeldes vor sich hat. Dies kann man leicht, wenn man auf jeder Seite einen gleichgefärbten Streifen anbringt, der sich mit dem der anderen Seite im gemeinschaftlichen Gesichtsfelde an einer Stelle kreuzt, wie z. B. in Fig. 29. Bei einigen Farben, welche beide sehr lebhaft und blendend sind, besonders auf weissem Grunde, kommt abwechselnd die eine und die andere Farbe zur Wahrnehmung, wie Meyer angiebt. Ich kann aber selbst in diesem Falle nicht Meyer darin beitreten, dass man dann das einfache Kreuzbild entweder durchaus in der einen oder der anderen der ursprünglichen Farben sieht, sondern ich sehe beim Wechseln der Farben immer deutlich die Mischfarbe, wenn auch nur während einer verhältnissmässig kurzen Zeit. Auch während die eine oder andere Farbe dominirt, sehe ich weder die eine noch die andere in ihrer ursprünglichen Reinheit, sondern finde ihr immer etwas von der anderen Farbe beigemischt. Diese Wahrnehmung der Mischfarbe kann bei Anwendung sehr lebhafter und greller Farben übersehen werden, wie es Meyer ergangen ist, sie wird aber sehr hervortretend, wenn man weniger grelle Farben für den Versuch wählt. Hat man passende Farben gefunden, so erscheint die Mischfarbe fast bleibend, und man kann nur durch längere Beobachtung auch in diesem Falle ein abwechselndes Ueberwiegen des einen oder des anderen Componenten der Mischung wahrnehmen. Viele Andere, denen ich die Erscheinungen gezeigt habe, beschrieben die Erscheinung gerade so, wie ich sie empfunden habe. Besonders bei Anwendung schmälerer farbiger Streifen von 2 bis 3 Millimeter Breite auf schwarzem Grunde wird die Farbenvermischung im gemeinschaftlichen Gesichtsfelde die vorherrschende Erscheinung, vorausgesetzt, dass man passende Farben gewählt hat. Ich habe z. B. ein grünes und ein rothes Papier, die, zu Kreuzen oder Stäbchen ausgeschnitten und auf schwarzen Grund geklebt, beim stereoskopischen Sehen von allen den zahlreichen Personen, denen ich die Objecte gezeigt habe, zum Weiss vereinigt werden können. Die Meisten erklärten das Sammelbild ohne Weiteres für reines Weiss; Anderen, denen es einen Stich ins Grüne oder Rothe zu haben schien, je nachdem das eine oder das andere Auge dominirte, sahen es rein weiss, wenn sie das Augenlied des stärkeren Auges ein wenig zukniffen.

Sind die Streifen breiter, z. B. 20 bis 30 Millimeter, so wird die Farbenvermischung weniger gleichmässig; an einigen Stellen überwiegt die eine oder die andere Farbe, an wieder anderen ist die Mischung gleichmässig. Diese Ungleichmässigkeit ist dann fast immer vorhanden, aber die Orte, wo die eine oder andere der ursprünglichen Farben, oder eine entschiedene Mischfarbe vorherrscht, wechseln in unruhig flimmernder Bewegung; besonders bemerkt man dies fleckige und flimmernde Sammelbild bei Anwendung sehr lebhafter Farben auf weissem Grunde.

Der Einfluss des Grundes auf die Farbenempfindung im gemeinschaftlichen Gesichtsfelde unter den vorliegenden Umständen tritt sehr deutlich hervor, wenn man verschiedenfarbige Streifen von gleicher Breite ein Mal auf weissem, und ein anderes Mal auf schwarzem Grunde anbringt. Dieselben Farben erscheinen im Sammelbilde dann im einen Falle mit einer ganz anderen Färbung, als im anderen. Jene rothen und grünen Kreuze, die auf schwarzem Grunde weiss gesehen wurden, erscheinen auf weissem Grunde Einigen rein grau, wie graues Löschpapier, Anderen grau mit einem Stich ins Grünliche oder ins Röthliche, je nachdem das eine oder das andere Auge dominirt.

c) Wenn man verschiedenfarbige Streifen oder andere Objecte auf einem gleichfarbigen Grunde so anbringt, dass sie sich im gemeinschaftlichen Gesichtsfelde nicht vollständig decken können, sondern einander durchkreuzen müssen, so bemerkt man Folgendes: Hat man z. B. auf der einen Seite einen horizontalen gelben, auf der anderen Seite einen senkrechten blauen Streifen

[Fig. 27.]

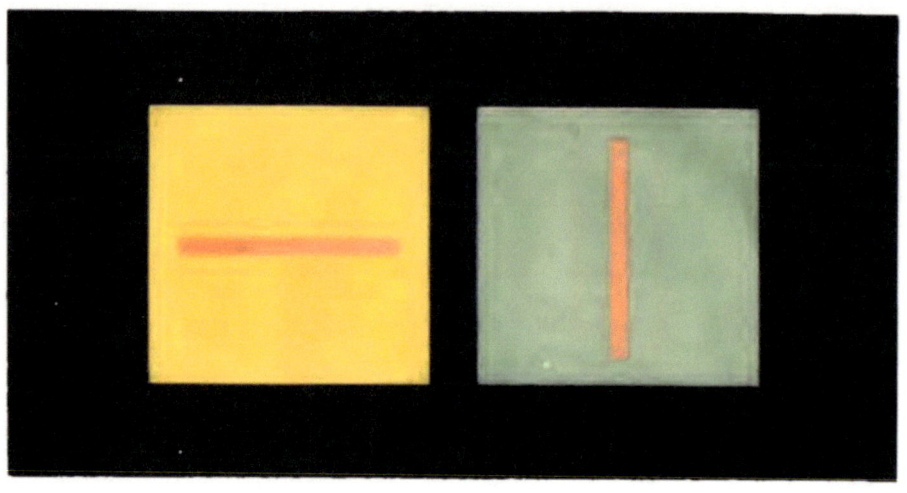

[Fig. 28.]

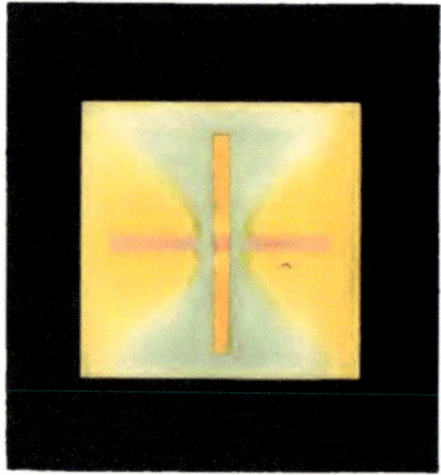

[Fig. 29.]

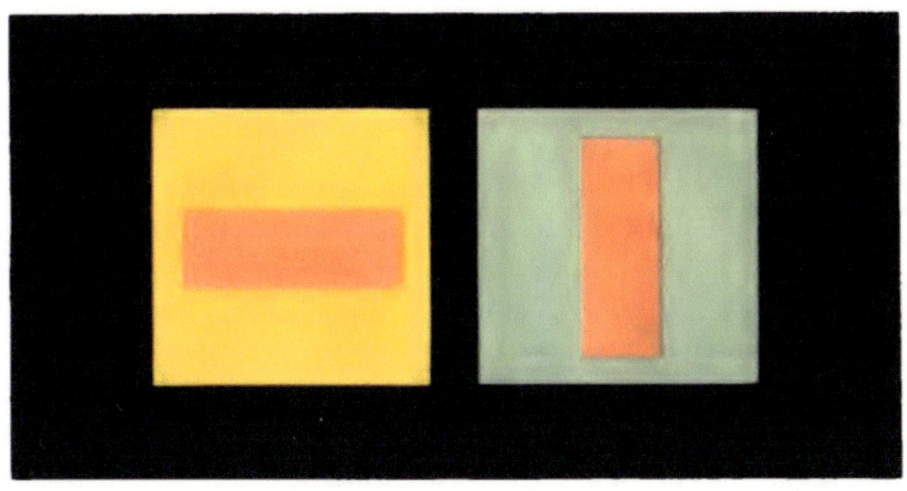

[Fig. 30.]

auf beiderseits rothem Grunde angebracht, so sieht man an der Kreuzungsstelle eine Mischfarbe von Gelb und Blau, mit abwechselndem Dominiren der einen oder anderen dieser Farben. An den neben der Kreuzungsstelle gelegenen horizontalen Querbalken, rechts und links von der Kreuzungsstelle, bemerkt man eine Vermischung des Gelb mit Roth. In dieser Mischfarbe dominirt abwechselnd das Gelb und das Roth, neben der Kreuzungsstelle aber behauptet sich immer das Roth des Grundes. In senkrechten Balken, ober- und unterhalb der Kreuzungsstelle, hat man hingegen eine Mischfarbe von Blau und Roth, ebenfalls mit abwechselndem Dominiren der einen und der anderen Farbe; neben der Kreuzungsstelle behauptet sich aber auch hier das Roth des Grundes. Es wiederholt sich mithin die oben §. 4 besprochene Erscheinung, dass die einer Contour anliegende Färbung des Grundes mit ihr in das gemeinschaftliche Gesichtsfeld übergeführt wird. In nicht weniger auffallender Weise bestätigt sich dies, sowohl als die Erscheinungen der Farbenmischung, in folgender Versuchsreihe:

d) Wenn man, wie in Fig. 27 A und B oder in Fig. 29 A und B, einen horizontalen Streifen von irgend einer Farbe, z. B. Roth, auf einem andersfarbigen, z. B. gelben Felde anbringt, und auf einem anderen Felde von einer dritten Färbung, z. B. hellblau, einen senkrechten Streifen anbringt, der ebenso gefärbt ist wie der horizontale Streifen im ersteren Felde, so bemerkt man, wenn man diese beiden Bilder durch binoculäres Sehen im gemeinschaftlichen Gesichtsfelde zur Deckung bringt, Folgendes: 1) Man sieht, dass beide Streifen, der senkrechte sowohl als der horizontale, in ihrer ganzen Ausdehnung einen mehr oder weniger starken Stich in die Farbe des entgegengesetzten Feldes, hier also der senkrechte in Gelb, der horizontale in Blau erhalten hat, jedoch mit Ausnahme der Kreuzungsstelle, wo die Farbe rein geblieben ist. 2) Man bemerkt, dass neben dem senkrechten und dem horizontalen Streifen die denselben wirklich anliegenden Färbungen fast ganz rein gesehen werden, wenn man von den Kreuzungsstellen ihrer Contouren absieht. 3) Man erkennt, dass weiter seitlich die Grundfärbungen beider Seiten mit einander eine Mischfarbe geben. 4) Man sieht an der Kreuzungsstelle, entweder dass der eine Streifen ganz verschwindet, während der andere von der ihm wirklich anliegenden Färbung, mit schattirter Säumung, durch die Kreuzungsstelle hindurch begleitet wird, etwa wie in Fig. 28 der horizontale Streifen, oder dass beide Streifen an der Kreuzungsstelle sichtbar bleiben, doch immer so, dass jeder derselben von der ihm wirklich anliegenden Färbung begrenzt ist, welche am Streifen entlang sich in allmähliger Schattirung verliert, etwa wie in Fig. 30. 5) Man gewahrt, dass das Bild, mit Ausnahme des Vierecks in der Mitte des Kreuzes, unaufhörlich seine Farbe im gemeinschaftlichen Gesichtsfelde verändert, indem die Farbe der Streifen mit derjenigen Farbe des Grundes, welche mit ihr zusammenfällt, und die Grundfarben der Felder unter sich gleichsam wetteifern, indem bald die entsprechende Mischfarbe, bald ein Abwechseln der Farben beobachtet wird. Bei diesem Abwechseln der Farben ist es nicht etwa das eine und das andere Auge, sondern die eine und die andere Farbe, welche nach einander das Uebergewicht erlangen, und beim Wechsel befinden sich die verschiedenen Theile des gemeinschaftlichen Gesichtsfeldes meist in verschiedenen Phasen. Es lässt sich die Erscheinung daher nur sehr unvollkommen, etwa wie in Fig. 28 und 30, abbilden. Wenn man nicht, wie in unseren Abbildungen geschehen ist, die Felder durch eine die Einstellung der Augenachsen dominirende Contour begrenzt, und dadurch das Kreuzbild des gemeinschaftlichen Gesichtsfeldes gleichsam fixirt, so gleitet der senkrechte Strich hin und her, und dies erschwert die Auffassung sehr. Hat man aber eine solche dominirende oder fixirende Contour, oder einen Rahmen angebracht, so wird man leicht constatiren können, dass bei Anwendung schmaler Striche gewöhnlich bald der eine, bald der andere, vielleicht öfter der senkrechte als der horizontale, an der Kreuzungsstelle, mit Verdrängung des anderen hindurchzugehen scheint, jedesmal von der wirklich dem Strich anliegenden Grundfärbung gesäumt. Die Beobachtung der vorübergehenden Erscheinung, wo beide Contouren an der Kreuzungsstelle gleichzeitig wahrgenommen werden, ist bei schmalen Contouren viel schwieriger. An breiten Balken, wie in Fig. 29, beobachtet man aber diese Phase besser als das Alterniren, und man sieht dann deutlich, dass die viereckige Kreuzungsstelle das einzige Unveränderliche im ganzen Bilde ist, dass dieselbe seitlich von der dem senkrechten, oben und unten von der dem horizontalen Balken anliegenden Färbung begrenzt ist, und dass in den Mischfarben abwechselnd der eine oder der andere Component so das Uebergewicht erlangt, dass der andere stellenweise fast ganz verschwindet. Je lebhafter und kräftiger die Farben sind, desto mehr ist dies der Fall, je zarter und blasser sie sind, desto ruhiger ist die Wahrnehmung der Mischfarbe.

B. Rückblick und Zusammenstellung.

Die früher bekannten Erscheinungen, welche durch den vorstehenden Abschnitt eine weitere Ausführung und Erörterung gefunden haben, sind folgende: 1) Die zuerst von Wheatstone zur Sprache gebrachte Erscheinung des abwechselnden Hervortretens zweier verschiedener Buchstaben, welche beim binoculären Sehen einander im gemeinschaftlichen Gesichtsfelde durchkreuzen; 2) die von H. Meyer gemachten Mittheilungen über den dunklen Hof, der um ein am Ende einer gedeckten Röhre angebrachtes Loch erscheint, wenn das andere Auge gleichzeitig durch eine offene Röhre sieht, und wenn ein heller, gleichmässig gefärbter Hintergrund durch beide Röhren angeschaut wird; 3) die von H. Meyer später gemachten Mittheilungen über verwandte Erscheinungen bei Anwendung verschiedener Farben.

Ad 1. Was nun zunächst den Wheatstone'schen Versuch betrifft, so ist es nach dem Vorhergehenden klar, dass die Erscheinungen bei demselben complicirt sind, und durch folgende Momente wesentlich modificirt werden:

Erstlich kommt dabei das §. 3 besprochene Verhalten in Betracht, wonach sich die Contouren überall viel stärker geltend machen, als eine gleichmässige Grundfärbung. Wenn daher ein Theil eines Buchstaben im Sammelbilde in einiger Entfernung von den Theilen des dem anderen Auge dargebotenen Buchstaben frei zu liegen kommt, oder wenn auf der einen Seite ein grosser Buchstabe, auf der anderen, ausser dem grossen, auch ein kleiner Buchstabe angebracht wird, so können die grossen Buchstaben, falls sie eine passende Form und Stellung haben, mit einander und dem kleinen Buchstaben im Sammelbilde combinirt werden, z. B.

$$\left. \begin{array}{c} Li \\ und \\ E \end{array} \quad oder \quad \begin{array}{c} F \\ und \\ Fi \end{array} \right\} zu \; Ei$$

Zweitens sind die im Sammelbilde zu beobachtenden Erscheinungen wesentlich davon abhängig, ob die Buchstaben so gestellt und gewählt sind, dass ihre Contouren einander im gemeinschaftlichen Gesichtsfelde durchkreuzen oder berühren, oder ob eine mehr oder weniger vollständige Deckung der Linien möglich ist. Nur im ersteren Falle nämlich erscheint das von Wheatstone besprochene abwechselnde Hervortreten des einen und des anderen Buchstaben und das von ihm und Brücke beschriebene Zerfallen in verwischte Fragmente, z. B.

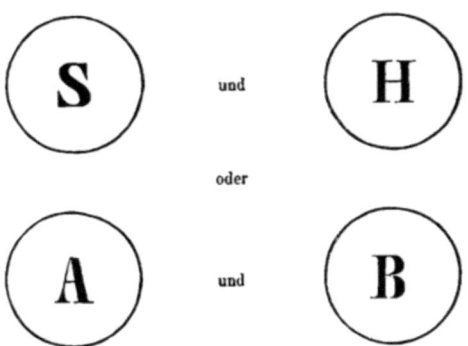

In den oben mit den Buchstaben **L** und **F** oder **E** und **F** gewählten Beispielen findet ein solches Abwechseln und Zerfallen des Sammelbildes gar nicht statt, sondern man behält ein einheitliches und ruhiges Bild.

Drittens kommt die oben §. 4 besprochene Erscheinung zur Geltung, dass nämlich die der Contour anliegende Grundfärbung mit ihr in das gemeinschaftliche Gesichtsfeld eingetragen wird. Besonders deutlich wird dies, wenn z. B. ein kleiner Buchstabe in die Contourfärbung eines grossen und dicken Buchstaben eingetragen erscheint, z. B.

Eben dieses Miteintragen der der Contour anliegenden Grundfärbung ist es aber, wie wir oben gesehen haben, das, z. B. bei der Combination von **L** und **F**, die Verbindungsstelle der dünnen, horizontalen Striche mit der dicken, senkrechten Linie im Sammelbilde undeutlich und verwischt erscheinen lässt, und das die Erscheinungen beim abwechselnden Hervortreten des einen oder anderen Buchstaben, z. B. **S** oder **H**, **A** oder **B** wesentlich mit bedingt.

Viertens kommen bei diesem Wheatstone'schen Versuche die oben §. 7 besprochenen Verhältnisse in Betracht, indem es, z. B. bei Anwendung der Buchstaben **A** und **B**, von der Stärke der Beleuchtung des einen oder anderen Buchstaben, von der besseren Accommodation des einen oder des anderen Auges für den ihm dargebotenen Buchstaben, und von der grösseren Empfindlichkeit der einen oder der anderen Retina abhängt, ob der eine oder der andere Buchstabe im Sammelbilde vorherrschend wird. Auch das oben §. 7 besprochene Verhalten, dass nämlich, unter sonst gleichen Umständen, die kleineren Contouren die grösseren und dickeren mehr stören, als umgekehrt, lässt sich dabei bemerken, und man wird finden, dass kleine oder mittelgrosse Buchstaben mit viel grösserer Lebhaftigkeit und Vollständigkeit im gemeinschaftlichen Gesichtsfelde mit einander abwechseln, als sehr grosse und dicke Buchstaben.

Fünftens üben die oben §. 1 und §. 2 besprochenen Verhältnisse der natürlichen Augenstellung und der dominirenden Contouren einen sehr wesentlichen Einfluss auf die bei diesem Versuche möglichen Wahrnehmungen aus. Als eine Folge der individuell verschiedenen, natürlichen Augenstellung werden verschiedene Personen ganz verschiedene Sammelbilder wahrnehmen, wenn sie z. B. das Stereoskop über die Reihe der grossen Buchstaben des Titelblatts setzen; wenn aber eine solche Buchstabenreihe gewählt wird, in welcher mehrere senkrechte und einander gleiche Buchstabentheile durch Einstellung der Augenachsen zur Deckung gebracht werden können, indem sich dieselben in einer, der mittleren natürlichen Augenstellung einigermaassen entsprechenden Entfernung von einander befinden, so werden die meisten Personen dasselbe Sammelbild wahrnehmen. Der Einfluss der dominirenden Contouren giebt sich auch dadurch zu erkennen, dass die mit Kreisen umgebenen Buchstaben leichter zur Deckung gebracht werden, als die freistehenden.

Es versteht sich von selbst, dass von einer einfachen Erklärung einer, so viele Erscheinungen umfassenden Wahrnehmung nicht die Rede sein kann. Wheatstone's Andeutung, dass das Abwechseln der Buchstaben psychisch, durch ein Alterniren der Intention, zu erklären sei, scheint den obigen Erfahrungen zufolge nicht annehmbar zu sein. Sie lässt es unerörtert, warum denn gerade die Theile der Contouren des Sammelbildes, die sich kreuzen oder berühren, einander stören und nur abwechselnd den Inhalt des einen oder anderen Sammelbildes zur Erscheinung kommen lassen, während die einander nicht kreuzenden oder berührenden Theile der Contouren des Sammelbildes bleibend und ruhig erscheinen. Dieser Unterschied des Verhaltens der im Sammelbilde einander kreuzenden oder berührenden, und der neben einander liegenden Contouren, beweist einerseits, dass die Erscheinung nicht von einer abwechselnden Intention auf den Inhalt des einen und des anderen Netzhautbildes abhängen kann, und andererseits, dass auch von einer abwechselnden Erlahmung der einen und der anderen Retina in ihrer Totalität nicht die Rede sein kann. Bezüglich Brücke's Erklärung des Abwechselns der Buchstaben im gemeinschaftlichen Gesichtsfelde, durch ein unwillkürliches Bestreben, die Doppelbilder, als einen nicht homogenen Reiz, zu vermeiden, oder durch die sogenannte Scheu vor Doppelbildern, habe ich schon oben S. 13 und 14 einige Bedenken ausgesprochen, und in der Anmerkung S. 27 bis 29 hoffe ich die Beziehung dieser „Scheu vor Doppelbildern" zur Einstellung der Augenachsen auf ihr rechtes Maass zurückgeführt zu haben. Insofern man das psychische Verlangen nach einem verständlichen, und der Wirklichkeit entsprechenden Bilde so bezeichnen will, bedarf es wohl nach dem Vorhergehenden keiner weiteren Erörterung, dass die in Rede stehende Erscheinung dadurch in keiner Weise erklärt wird, ebensowenig wie durch die Annahme eines Abwechselns der psychischen Intention für das eine und das andere Netzhautbild. Insofern man aber, wie Brücke es zu wollen scheint, unter Scheu vor Doppelbildern eine eigenthümliche Sinnesempfindung versteht, die durch einen inadäquaten Sinnesreiz gesetzt wird, so ist die Bezeichnung derselben unrichtig, da die wirkliche Scheu vor Doppelbildern, wie oben S. 29 erwähnt, einen psychischen Grund hat.

Durch die im vorhergehenden Abschnitte von §. 1 bis §. 7 dargelegten Erfahrungen haben wir zunächst die gesetzmässigen Regeln für die mosaikartige Ausfüllung des gemeinschaftlichen Gesichtsfeldes aus den farblosen Contouren beider Netzhautbilder so festgestellt, dass man genau die verschiedenen Sammelbilder angeben kann, welche verschiedene Beobachter im gemeinschaftlichen Gesichtsfelde in jedem einzelnen Falle wahrnehmen. Man lässt nämlich den Beobachter zuerst das Object Fig. 1 durch das Stereoskop betrachten, und lässt ihn angeben, auf welche oder zwischen welche Zahlen die senkrechte Linie gebracht wird. Nachdem hierdurch die individuelle natürliche Augenstellung ermittelt ist, hat man die Uebereinstimmungen und die Nichtübereinstimmungen der beiden Bilder zu untersuchen, die binoculär betrachtet werden sollen. Finden sich ungefähr in der der natürlichen Augenstellung entsprechenden Entfernung, die man durch einen Cirkel messen kann, in beiden Bildobjecten zwei senkrechte oder schräge, einander ähnliche (dominirende) Contouren, so gilt es als gesetzmässige Regel, dass dieselben im gemeinschaftlichen Gesichtsfelde durch entsprechende Einstellung der Augenachsen zur Deckung gebracht werden, wodurch dann die gegenseitige Lage aller anderen Bildobjecte gegeben ist. Fehlen solche dominirende Contouren, so macht sich die individuelle natürliche Augenstellung allein geltend, und man kann, nachdem sie bestimmt ist, mit dem Cirkel abmessen, welche Theile der beiden Bilder über einander gelagert erscheinen werden; es ist dann aber für die meisten Beobachter das Bild unruhig, weil sie sich durch Veränderung der Augenstellung bemühen, ein wahrscheinliches oder vernünftiges Bild zu combiniren. Hat man auf diese Weise ermittelt, wie die Contouren beider Bilder im gemeinschaftlichen Gesichtsfelde durch die Einstellung der Augenachsen über einander gelagert erscheinen, so kann man es durch Ausmessen mit dem Cirkel leicht ausfindig machen, welche Contouren des einen Bildes auf contourfreie Flächen des anderen Bildes treffen. Für diese Contouren gilt nun die §. 3 entwickelte gesetzmässige Regel, dass die Contouren auf Kosten der gleichmässigen Grundfläche mosaikartig eingetragen werden. Ist die Helligkeit (oder Färbung) der contourfreien Fläche des einen Bildes ungefähr derjenigen gleich, auf der die Contouren des anderen Bildes stehen, so ist die mosaikartige Eintragung einfach. Ist die Helligkeit der contourfreien Fläche des einen Bildes hingegen wesentlich von derjenigen verschieden, auf der die Contouren des anderen Bildes stehen, so macht sich die oben §. 4 entwickelte gesetzmässige Regel geltend, dass nämlich die den Contouren zunächst anliegende Grundfärbung mit ihr in das gemeinschaftliche Gesichtsfeld eingetragen wird. Wo man hingegen durch Ausmessen mit dem Cirkel findet, dass sich verschiedene Contouren beider Netzhautbilder im gemeinschaftlichen Gesichtsfelde kreuzen oder berühren werden, da gilt die in §. 6 besprochene gesetzmässige Regel, dass die Contouren mit den ihnen anliegenden Grundfärbungen einander stören, indem sie abwechselnd im gemeinschaftlichen Gesichtsfelde zur Geltung kommen. Berücksichtigt man neben diesen Hauptregeln noch den Einfluss der §. 7 besprochenen Verhältnisse, nämlich den Einfluss der Helligkeit des einen und des anderen Bildes oder Bildtheiles, den Einfluss der verschiedenen Accommodation beider Augen, den Einfluss der verschiedenen Empfindlichkeit beider Netzhäute und den Einfluss der verschiedenen Ausdehnung und Dicke der mit einander collidirenden Contouren, so kann man mit mathematischer Sicherheit das Sammelbild vorausbestimmen, das in jedem einzelnen Falle aus den beiden verschiedenen Netzhautbildern im gemeinschaftlichen Gesichtsfelde hervorgeht, freilich abgesehen von einigen sehr wichtigen, auf die Erscheinung der Doppelbilder und der Tiefe bezüglichen, in den folgenden Abschnitten ausführlich zu erörternden Verhältnissen. — Somit ist die anscheinend gesetzlose Verworrenheit complicirter, einander nicht entsprechender Sammelbilder durch unsere Untersuchung in der Weise entwirrt worden, dass wir, unter Anwendung unserer gesetzmässigen Regeln, das Sammelbild in allen Einzelheiten vorher angeben und beschreiben können. Dazu sind aber ausser den eben besprochenen gesetzmässigen Regeln vor allen Dingen auch diejenigen zu berücksichtigen, die sich auf die Einstellung der Augenachsen beziehen, und die §. 1 und §. 2 zur Sprache gekommen sind. Mit Bezug auf diese gesetzmässigen Regeln muss ich noch folgende Bemerkungen hinzufügen:

Es wird mancher Leser, der im stereoskopischen Sehen weniger geübt ist, ohne Zweifel einige Schwierigkeit empfunden haben, die in den Text eingedruckten stereoskopischen Objecte in der verlangten Weise durch eine passende Einstellung der Augenachsen zu combiniren, und er wird in diesem Falle andere Bilder, als die angegebenen, im gemeinschaftlichen Gesichtsfelde gesehen haben. Durch das in Fig. 1 angegebene Object wird er sich dann leicht darüber Aufschluss verschaffen können, ob er beim Versuche die Augenachsen zu stark oder zu wenig divergent einstellt, oder mit anderen Worten, ob seine natürliche Augenstellung grösser oder geringer ist, als die bei Anfertigung der Bilder angenommene mittlere, zu 5½ Centimeter. Entspricht seine natürliche Augenstellung einem geringeren Abstande der Bildobjecte, so kann er sich durch Faltung des Blattes zwischen den beiden Bildern helfen, indem er dadurch den Abstand der Bilder, seiner natürlichen Augenstellung gemäss, vermindert. Entspricht seine natürliche Augenstellung hingegen einem grösseren Abstande der Bilder, so muss er sich entweder durch Uebung eine grössere Herrschaft über seine Augenmuskeln zu verschaffen suchen, was in der Regel ziemlich bald gelingt, oder er muss sich andere Bilder, mit grösseren, der individuell natürlichen Augenstellung entsprechenden Abständen anfertigen. Für alle Personen gleich passende Objecte müssten, bei der Verschiedenheit der natürlichen Augenstellung, verschiebbar sein, so dass die beiden Bilder nach Bedürfniss einander genähert oder von einander entfernt werden könnten.

Ad 2. Der von H. Meyer angegebene Versuch, dem zufolge ein am Ende einer vorn gedeckten Röhre angebrachtes Loch von einem dunklen Hofe umgeben erscheint, wenn das andere Auge durch eine offene Röhre gegen einen hellen Grund sieht, steht offenbar in einer Reihe mit den anderen oben §. 4 angegebenen Erscheinungen. Gegen die von Meyer gegebene psychische Erklärung, der zufolge die Aufmerksamkeit, durch den Contrast unwiderstehlich angezogen, die Wahrnehmung im gemeinschaftlichen Gesichtsfelde in so auffallender Weise modificiren sollte, habe ich schon oben S. 14 und 15 meine apriorischen Bedenken ausgesprochen. Es ist nämlich 1) die Aufmerksamkeit dem Willen des Beobachters in der Weise unterthänig, dass sie den schwächsten wie den stärksten Eindrücken zugewandt werden kann. Am leichtesten wird sie freilich von den starken Sinneseindrücken gefesselt, aber nicht unwiderstehlich, und nur bei gedankenlosem Beschauen wird sie regelmässig von den starken Eindrücken angezogen. Es kann ferner 2) die Aufmerksamkeit nur den durch die Sinneseindrücke gegebenen Inhalt, und zwar ganz unverändert, bei der sinnlichen Beobachtung aufnehmen — glücklicherweise für unsere Wissenschaft! Selbst die Phantasie kann und darf dem nüchternen Beobachter nicht solche Possen spielen.

In der im vorigen Abschnitte niedergelegten Untersuchung, §. 3 und §. 5, glaube ich aber noch ferner den Beweis geliefert zu haben, dass die Contouren die Retina besonders stark reizen, und dass die Nervenerregung, die durch sie hervorgebracht wird, eine andere und weit kräftigere ist, als diejenige, welche durch eine gleichmässig erleuchtete Fläche gesetzt wird. Wir haben ferner in §. 4 und §. 6 gesehen, dass bei der durch Contouren hervorgebrachten Nervenerregung im Gebiete des N. opticus, nicht nur die Contour selbst, und die ihr eigenthümlich angehörige Nuancirung von Licht und Schatten, sondern auch der der Contour anliegende Grund, mit der ihm eignen Nuancirung von Licht und Schatten, eine besonders starke Reizung der Retina setzen *). Diese Intensität der durch die Contouren und durch den ihnen anliegenden Grund gesetzten Nervenreizung oder Erregung macht es uns dann ganz begreiflich, dass sie im gemeinschaftlichen Gesichtsfelde zur erfahrungsmässigen Geltung kommen. Dies ist ganz übereinstimmend mit dem bei jeder Sinneserregung zu beobachtenden Verhalten, dass die kräftigere Erregung sich stärker geltend macht und lebhafter empfunden wird, als die schwächere. Meyer's oben (S. 12) angeführter Einwurf gegen diese Auffassung, der zufolge wir die Ursache der Erscheinung in der Sinnlichkeit selbst suchen, verliert nach dem Vorstehenden ganz seine Bedeutung, denn es wird ja, wie wir gesehen haben, das gemeinschaftliche Gesichtsfeld in der That nach bestimmten Gesetzen aus den Eindrücken der einzelnen Augen mosaikartig zusammengesetzt, was seiner Meinung nach nicht der Fall sein sollte, und bei seiner Auffassung nicht der Fall sein dürfte.

Ad 3. Die von Meyer später angezogenen Versuche mit farbigen Objecten wurden von ihm als für seine psychische Erklärung besonders maassgebend betrachtet, indem er sie mit der somatischen Theorie des sogenannten Wettstreits der Sehfelder unvereinbar fand. Ich habe schon oben (S. 15) bemerkt, dass sein Einwurf nur die, auch aus anderen Gründen ganz unhaltbare Meinung trifft, der zufolge abwechselnd die eine und die andere Netzhaut in ihrer Totalität erlahmen sollte. Damit ist aber die somatische Theorie noch lange nicht abgethan, und nach positiven Beweisen, oder auch nur nach irgend einem einigermaassen annehmbaren Grunde für die von Meyer gelieferte psychische Aufmerksamkeits-Erklärung, haben wir uns in seiner Abhandlung vergebens umgesehen. Durch die in §. 8 mitgetheilten Erfahrungen über die Erscheinungen im gemeinschaftlichen Gesichtsfelde bei Anwendung farbiger Objecte, glaube ich nun gerade die schlagendsten Beweise für die sinnliche, und gegen die psychische Erklärung der von Meyer zuerst zur Sprache gebrachten, sowie noch mancher anderer verwandter Erscheinungen geliefert zu haben. Zunächst sind die Erscheinungen der Farbenmischung beim binoculären Sehen für die rein sinnliche Natur der in Rede stehenden Erscheinungen, und gegen die psychischen Erklärungen entscheidend. Meyer selbst erwähnt gelegentlich dieser Farbenmischung; er spricht z. B. beim zweiten Versuche (s. S. 11) von der Schattirung in gelbliches Roth auf der einen, und in bläuliches Roth auf der anderen Seite des gemeinschaftlichen Gesichtsfeldes, wenn dem einen Auge Roth und dem anderen Gelb und Blau neben einander dargeboten werden. Ebenfalls erwähnt er bei seinem vierten Versuche, mit den zweifarbigen Kreuzen, dass bisweilen und vorübergehend die Mischfarbe beobachtet werde. Bei seinem dritten Versuche dahingegen scheint er die Farbenmischung gar nicht beobachtet zu haben. Auf die Ursache dieser Erscheinungen und auf eine Vereinbarung derselben mit seiner psychischen Erklärung lässt er sich gar nicht ein. Den Meisten scheint diese Farben-

---

*) Wahrscheinlich findet bezüglich der Hautempfindung ein ähnliches, aber noch nicht näher untersuchtes Verhalten statt, worauf wir bei einer anderen Gelegenheit zurückkommen werden.

mischung überhaupt ganz entgangen zu sein. Funke z. B. spricht sich in seinem Lehrbuche der Physiologie, Bd. II, S. 875 folgendermaassen aus: „Wäre der Grund des Einfachsehens „ein organischer, so müsste unter allen Umständen die Erregung zweier identischer Punkte „durch differente Eindrücke eine aus beiden gemischte Empfindung hervorbringen, was nicht „der Fall ist, wie die unter dem Titel: Wettstreit der beiden Sehfelder bekannten Er„scheinungen beweisen. Halten wir bei Betrachtung einer weissen Fläche vor das eine Auge „ein blaues, vor das andere ein gelbes Glas, so dass also der zu jedem Punkt des einen Auges „gehörige identische Punkt des anderen Auges von dem complementärfarbigen Licht erregt „wird, so erscheint uns das Sehfeld nicht weiss, auch nicht grün nach der alten Theorie, son„dern abwechselnd gelb und blau. Legen wir in die beiden Felder eines gewöhnlichen Stereo„skops eine gelbe und eine blaue Oblate so, dass ihre Bilder auf identische Netzhautstellen „fallen, also nur eine Oblate gesehen wird, so erscheint dieselbe mir wenigstens niemals weiss, „auch nicht nach langer Betrachtung, obwohl dieselben Oblaten bei dem S. 809 angeführten „Spiegelversuch wirklich weiss erscheinen. Ich sehe die einfache Oblate entweder gelb oder „blau, und zwar treten die von J. Müller beschriebenen Wettstreitserscheinungen ein, es taucht „während ich die Oblate blau sehe, oft in der Mitte ein beschränkter gelber Fleck auf, der „sich dann bis zum Rande ausbreitet, bis in ähnlicher Weise das Gelb vom Blau verdrängt „wird. Liegt die gelbe Oblate rechts, die blaue links, so kann ich willkürlich gelb oder blau „sehen, je nachdem ich die Aufmerksamkeit auf das rechte oder linke Auge richte, ohne das „andere zu schliessen. Es gehen also offenbar gleichzeitig die von identischen Stellen aus er„regten Empfindungsprocesse von differenter Qualität neben einander her, combiniren sich nicht „zu einer Mischqualität, welche die gleichzeitige Einwirkung der differenten Eindrücke auf die„selbe Stelle der einen Netzhaut hervorruft. Nach Dove soll es allerdings mit prismatischen „Farben gelingen, bei gesonderter Einwirkung auf identische Stellen die Mischfarbe zu sehen, „und Ludwig giebt an, dass er auch bei Pigmenten die Mischfarbe, Weiss, z. B. bei Betrachtung von „Gelb mit einem und Blau mit dem anderen Auge sehe; allein mir und einer Anzahl anderer Personen, „auch solcher, welche ganz unbefangen (ohne die Gegenwart zweier verschieden gefärbter Ob„laten zu kennen) das einfache Oblatenbild im Stereoskop betrachteten, gelang es nicht. Ebenso „erging es Volkmann, welcher hierüber interessante Versuche angestellt hat. Der Wechsel „der Erscheinungen hängt offenbar von einem Spiel der Aufmerksamkeit ab, welches unwill„kürlich eintritt; da wir die Aufmerksamkeit willkürlich auf die Bilder grösserer Netzhautpar„tien erstrecken, oder auf kleinere beschränken können, erklärt sich auch das fleckenweise „Auftreten einer der beiden Farben aus der Richtung der Aufmerksamkeit auf einen Theil der „vom Bilde eingenommenen Partien des einen Auges." In ganz ähnlicher Weise spricht Meissner sich bei verschiedenen Gelegenheiten aus.

Die in §. 8 angeführten Versuche habe ich von vielen Personen mit so übereinstimmendem Resultate wiederholen lassen, dass ich ihrer Objectivität sicher bin, und dass ich hoffen darf, auch Volkmann, Funke und Meissner werden sich von der Richtigkeit meiner Angaben überzeugen. Die Ursache, dass man bisher gewöhnlich die Mischfarbe übersah, ist die, dass eine gleichzeitige Vergleichung mit der ursprünglichen Farbe bei den bisherigen Versuchen nicht statt hatte, und dass jene Verschiebung des Urtheils über Lichtstärke und Farbe, auf die Brücke in so eindringlicher Weise aufmerksam machte, die Beobachter veranlasste, anzunehmen, dass sie die ursprüngliche Farbe rein sähen, während sie doch eine Mischfarbe vor sich hatten. Dass die Stelle, wo in Fig. 28 und 30 die rothen Balken durch ihre Kreuzung ein Viereck bilden, eine andere Farbe hat, als die übrigen senkrechten und horizontalen

Theile der Balken, dass diese Farbe des Vierecks die ursprüngliche, reine Farbe ist, und dass dem horizontalen Balken Blau, dem senkrechten Gelb beigemischt ist, wird, glaube ich, Keiner übersehen, der einmal darauf aufmerksam geworden ist, wenngleich die Unruhe des Bildes den Beobachter anfangs leicht verwirrt. Bei passender Wahl der Pigmentfarben wird man, auch bei anderer Anordnung als in Fig. 28 und 30, die Mischfarben nicht übersehen, wenn man nur gehörig auf die Farbennuancen und auf ihr oft vorübergehendes Auftreten achtet. Um reines Weiss als Mischfarbe zu erhalten, muss man freilich eine besonders günstige Farbenwahl treffen und, wie oben angegeben, schmälere Streifen auf schwarzem Grunde zur Deckung bringen. Dove's Vergleichung der beim binoculären Sehen auftretenden Mischfarben mit den Tartinischen Tönen finde ich sehr treffend, ebenso wie mir seine Erklärung, dass zu verschiedene Elongation der Schwingungen beider Componenten der Wahrnehmung von Mischfarben hinderlich ist, annehmbar scheint. Indess nicht nur bei Polarisationsfarben, sondern auch bei Pigmentfarben lässt sich die Farbenvermischung, wie gesagt, leicht nachweisen, wenn die Elongation der Schwingungen nahezu gleich ist. Ausserdem ist, wie wir sahen, zu bemerken, dass besonders ein schwarzer Grund, und eine geringere Lebhaftigkeit und Intensität beider Farben der Vermischung günstig ist. Dass weder Aufmerksamkeit, noch Phantasie, noch irgend eine andere psychische Thätigkeit die Farbenmischung vornehmen kann, sondern dass diese Erscheinung eine organische oder somatische Ursache haben, und in der Sinnlichkeit selbst, oder in der Nervenenergie begründet sein müsse, bedarf wohl keiner weiteren Erörterung. Die vielfachen Consequenzen, die man aus dem Nichtauftreten der Mischfarben unter diesen Verhältnissen, z. B. für die Lehre vom Einfachsehen u. s. w. gezogen hat, werden mit der erfahrungsmässigen Widerlegung der Prämisse natürlich von selbst wegfällig.

Es ist aber demnächst ferner aus dem in §. 8 Erörterten klar, dass das Alterniren der Farben nicht mit der Farbenmischung in der Weise in Widerspruch steht, dass nur das eine oder das andere Phänomen vorkommen sollte. Psychische Einflüsse haben ebenso wenig Brücke und Ludwig veranlasst, die Mischfarben zu bemerken, wie sie Volkmann, Funke und Andere bestimmt haben, das Alterniren der Farben wahrzunehmen. Im Gegentheil glaube ich nach obigen Erfahrungen behaupten zu dürfen, dass sie immer zusammen vorkommen. Bei grosser Lebhaftigkeit der verschiedenen Farben (oder was dasselbe thut, bei grosser Empfindlichkeit der Netzhäute) ist das Alterniren vorherrschend; vorübergehend macht sich jedoch auch dabei die Farbenmischung geltend. Bei geringerer Lebhaftigkeit der Farben (oder bei geringerer Empfindlichkeit der Retina) tritt die Mischfarbe als die vorherrschende Erscheinung auf, und das Abwechseln der Farben wird nur vorübergehend wahrgenommen; bei schmalen Streifen auf schwarzem Grunde ist es oft selbst nur bei grosser Aufmerksamkeit zu bemerken. Auch wenn eine Farbe absolut viel lebhafter ist, macht sich die Mischfarbe geltend, wenn man nur auf die Nuancen achtet; da aber die lebhaftere Farbe in der Mischung so stark vorherrscht, wird die Beimischung leicht übersehen. Ein ganz analoges Spiel der Farbenmischung und des Farbenwechsels würde man erhalten, wenn man prismatische Farben von wechselnder Lichtintensität zusammenfallen liesse. Hier „ein Spiel der Aufmerksamkeit" zur Erklärung des Farbenwechsels zu verwenden, scheint mir ebenso unphysiologisch und unpsychologisch zu sein, als wenn man einem solchen Spiel der Aufmerksamkeit es zutrauen wollte, die Farbenmischung vorzunehmen. Doch wird z. B. von Funke am obigen Orte eine Erfahrung angeführt, die auf den ersten Blick wie ein Beweis für diese Meinung aussieht. Er giebt nämlich an, dass er beim Zusammensehen der gelben und blauen Oblate zu einem Bilde, das Sammelbild beliebig gelb oder blau sehen könne, je nachdem er der einen oder der anderen Seite seine Aufmerksamkeit zuwende. Ich gestehe, dass mir, und ich glaube den Meisten, der Farbenwechsel unwillkürlich erscheint, doch will ich einen solchen Einfluss der Aufmerksamkeit durchaus nicht in Abrede stellen. Daraus folgt aber noch gar nicht, dass „ein Spiel der Aufmerksamkeit" im angegebenen Sinne die Erscheinung bedinge. Denn erstens hat die vorwiegende Richtung der Aufmerksamkeit auf den Inhalt des einen Netzhautbildes leicht eine Accommodationsveränderung zur Folge, wodurch das objective Bild, worauf die Aufmerksamkeit concentrirt ist, mit grösserer Schärfe und Intensität auf der Netzhaut zu stehen kommt, als das andere; schon hierdurch würde es in der Mischfarbe ein Uebergewicht erlangen können. Zweitens hat die überwiegende Richtung der Aufmerksamkeit auf den Inhalt des einen Netzhautbildes bei vielen Personen bekanntlich zur Folge, dass sie unbewusst das andere Auge ein wenig durch Zusammenkneifen der Augenlider abschwächen, ohne es gerade zu schliessen, und durch dies Manöver kann auch ich und Jeder, wie schon oben angeführt, das eine Netzhautbild graduell so abschwächen, dass das andere ein bedeutendes Uebergewicht erlangt, selbst wenn das abgeschwächte Bild ursprünglich das lebhaftere war. Ein solcher indirecter Einfluss der Aufmerksamkeit, durch welchen das objective Netzhautbild verändert wird, kann natürlich unsere Auffassung nicht alteriren. Drittens kann man freilich durch Concentration der Aufmerksamkeit auf ein Object ein anderes gleichsam vergessen und dadurch übersehen; aber Niemand wird es in Abrede stellen, dass der besprochene Wechsel auch dann bemerkt wird, wenn die Aufmerksamkeit weder der einen noch der anderen Seite zugewandt ist, und es wäre gerade in diesem Falle der Beweis zu führen, dass eine unaufmerksame Aufmerksamkeit des Beobachters unwillkürlich und unbewusst zwischen den identischen Stellen beider Augen ihr neckisches Spiel treibe. Diesen Beweis müssen wir erst abwarten; vorläufig ist aber eine so wunderliche Annahme durch die Thatsachen nicht geboten, diese erklären sich vielmehr einfach durch die oben besprochenen Verhältnisse.

Wenn nun die Farbenmischung nicht in einer solchen bemerkbaren Weise da auftritt, wo zwei Farben an einander grenzen, so erklärt sich das eben aus der Intensität der durch die Contouren und durch die ihnen angrenzende Grundfärbung gesetzten Nervenerregung, indem der relative Werth des ihnen angehörigen Componenten über den Werth der Nervenerregung, welche durch die gleichmässige Grundfärbung des anderen Sehfeldes gesetzt wird, das Uebergewicht erlangt. Es wiederholt sich hier die bezüglich der farblosen Contouren oben §. 4 besprochene Erscheinung, dass nicht nur die Contour mit der ihr eigenthümlichen Färbung, sondern auch die ihr angrenzende Färbung des Grundes, auf dem sie angebracht ist, als starke Reizerregung mit in das gemeinschaftliche Gesichtsfeld übertragen wird. Trotz der Unruhe des Bildes in Fig. 28 und 30, die eine allen Phasen der Erscheinungen entsprechende Copie unmöglich macht, wird Niemand das Vorwiegen des Gelb an den Grenzen der horizontalen und des Blau an den Grenzen der senkrechten Balken verkennen können, und an den breiteren Balken der Fig. 30 lässt sich auch das Vorwalten des Roth im Balken an den Berührungsstellen deutlich erkennen, während in der Mitte der Balkenenden und in den zwischen ihnen gelegenen Partien des Grundes die Mischfarbe Jedem unverkennbar sein wird.

Die Erscheinungen bei Anwendung farbiger Objecte stimmen also vollkommen mit den früher besprochenen Phänomenen einfacher Licht- und Schattenbilder überein. Das verwischte Aussehen der einander berührenden oder kreuzenden Figuren, wie wir es oben §. 6 kennen lernten, entspricht der Farbenmischung, und das abwechselnde Hervortreten verschiedener, beiden Augen dargebotener Contouren und ihr Zerfallen in Stücke u. s. w. entspricht dem Alterniren der Farben. Beide Phänomene sind neben einander vorhanden, es überwiegt aber im Allgemeinen das Alterniren, weil die Contouren, ebenso wie sehr lebhafte Farben, eine sehr starke Netzhauterregung setzen, wodurch das Verschmelzen zu einem ruhigen Sammelbilde verhindert wird.

Nachdem ich nun die im vorigen Abschnitte mitgetheilten Erfahrungen zu den früher bekannten Thatsachen in Beziehung gesetzt, und meine Resultate den früheren gegenüber festgestellt habe, sei es mir hier noch erlaubt, ein Paar Bemerkungen anzuknüpfen, welche für die praktische Augenheilkunde einiges Interesse haben dürften.

Die oben §. 1 und §. 2 mitgetheilten Thatsachen scheinen mir bei den Déviationen der Augenachsen einige Berücksichtigung zu verdienen. Das als Fig. 1 bezeichnete einfache Object, kann nämlich über die dem jedesmaligen Zustande des Auges am meisten zusagende Augenstellung Aufschluss geben. Das als Fig. 5 bezeichnete Object mit einer festen und einer verschiebbaren senkrechten Linie kann aber theils benutzt werden, den Grad zu bestimmen, bis zu welchem die Augen einander in ihren Bewegungen folgen können, theils könnte es vielleicht mit Vortheil für die Augengymnastik beim Schielen verwandt werden.

Gräfe hat neulich (l. c.) eine interessante Mittheilung über die bisweilen zu beobachtende Exclusion des einen Gesichtsfeldes gemacht, indem er sich des Fehlens der Doppelbilder bei Anwendung prismatischer Gläser und des Ausbleibens der Augenbewegungen zur Bestimmung bediente. Bei Betrachtung der Aussenwelt durch prismatische Gläser müssen aber die Contouren der vielfachen Objecte einander nothwendig kreuzen und stören, falls die Augen nicht richtig eingestellt werden. Es müssen sich dann nothwendig die in §. 4 und §. 6 besprochenen Verhältnisse geltend machen. Wenn beide Augen gleich oder nahezu gleich empfindlich, und einigermaassen gleich accommodirt sind, müssen einander störende Doppelbilder auftreten. Je mehr aber ein Auge über das andere dominirt, sei es durch grössere Empfindlichkeit der Netzhaut, oder durch die Verhältnisse des lichtbrechenden Apparates, desto mehr müssen sich die Contouren des einen Auges mit der ihnen anliegenden Grundfärbung, auf Kosten des schwächeren Bildes geltend machen. Wählt man einfache einander kreuzende Contouren, so kann man sich leicht überzeugen, dass die Breite, mit der die einer Contour anliegende Grundfärbung, auf Kosten der Contouren und Grundfärbung des anderen Netzhautbildes, in das gemeinschaftliche Gesichtsfeld eingetragen wird, um so grösser ist, je mehr das eine Auge über das andere durch grössere Empfindlichkeit der Netzhaut oder durch bessere Accommodation u. s. w. überwiegt. Es ist demnach leicht begreiflich, dass ein Auge, das an und für sich noch recht gut sieht, von seinem Antheil am gemeinschaftlichen Gesichtsfelde ganz ausgeschlossen werden kann, wenn complicirte, einander kreuzende oder berührende Figuren betrachtet werden. Es steht aber zu vermuthen, dass Viele, bei denen das eine Gesichtsfeld nach dieser Untersuchungsmethode excludirt ist, dasselbe doch noch besitzen werden, wenn ihnen einfachere Objecte dargeboten werden, deren Contouren nicht durch vielfache Kreuzung und Berührung in jenen Conflict mit einander gerathen, bei welchem das schwächer empfundene Bild durch das stärkere vernichtet wird. Auch in dieser Beziehung würde z. B. das in Fig. 5 angegebene Object praktisch verwandt werden können, ebenso wie die in Fig. 3 und Fig. 10 angegebenen Combinationsbilder.

Zweites Capitel.

Die Bedingungen und Ursachen des Einfachsehens von Contouren, welche nicht correspondirende Netzhautpunkte beider Augen treffen.

A. Beobachtungen und Thatsachen.

§. 1.

Wenn man A und B Fig. 31 durch passende Einstellung der Augenachsen im gemeinschaftlichen Gesichtsfelde vereinigt, so ist das Bild, das man erhält, wesentlich verschieden von

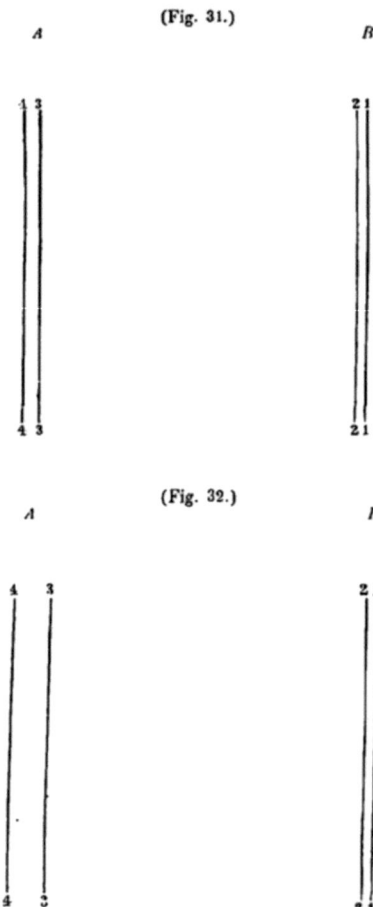

(Fig. 31.)

(Fig. 32.)

dem, das man wahrnimmt, wenn man A und B Fig. 32 in gleicher Weise zusammenbringt. Das Sammelbild der Fig. 31 zeigt nämlich zwei Linien, von denen die rechte vorn, die linke aber schräg hinten liegt. Dies Bild der Dimension der Tiefe im Raume ist ganz rein und ohne Nebenbilder; man sieht ganz entschieden und unzweifelhaft nur zwei Linien, obgleich, wie schon Wheatstone hervorhob, jedenfalls nur eine der Linien des Feldes A mit einer der Linien des Feldes B gleichzeitig auf wirklich und vollständig identische Netzhautstellen fallen kann.

Das Sammelbild der Fig. 32 giebt im gemeinschaftlichen Gesichtsfelde zwar auch ein Bild, in welchem die Dimension der Tiefe empfunden wird, indem die rechts gelegene Linie (3) schräg vor der links gelegenen (4) erscheint. Dies Bild ist aber nicht rein, sondern man bemerkt im gemeinschaftlichen Gesichtsfelde zwischen oder neben diesen beiden deutlichen Linien ein Nebenbild, das um so undeutlicher und schattenhafter ist, je geringer der Unterschied der Abstände zwischen den Linien in A und in B ist. Bisweilen besteht das schattenhafte Bild nur aus einer Linie, welche, in der Entfernung der beiden engen Striche (1 und 2) von einander, der vorderen oder hinteren Linie (3 oder 4) so anliegt, dass sie zwischen oder neben denselben liegend erscheint. Bisweilen besteht es hingegen aus zwei Strichen, die, wiederum so weit wie die beiden engen Linien von einander entfernt, zwischen der vorderen und hinteren Hauptlinie liegen. Fixirt man die vordere Linie, so legt sich der schattenartige Strich an die vordere; fixirt man aber die hintere Linie, so legt er sich an diese an; beim Uebergang von der einen zur anderen Augenstellung werden endlich zwei, den engen Linien des Feldes B, Fig. 32, entsprechende Striche zwischen der vorderen und hinteren Linie liegend wahrgenommen. Dies ist meist' nur vorübergehend, indem sich die eine der nebelhaften Linien bald mit der vorderen oder hinteren Linie vereinigt, man kann aber bei grosser Uebung im Fixiren auch dies doppelte Nebenbild festhalten, wenn man den Zwischenraum zwischen den Linien scharf fixirt. Der Uebergang des schattenhaften Nebenbildes von der vorderen oder hinteren Linie zur anderen ist von einer besonders lebhaften Empfindung der Tiefe, oder der Lage der rechten Linie vor der linken verbunden; diese Empfindung ist aber auch dann vorhanden, wenn ein nebelhafter Strich ganz ruhig neben der vorderen oder hinteren Linie im gemeinschaftlichen Gesichtsfelde wahrgenommen wird.

Eine nähere Untersuchung der beiden soeben besprochenen Fälle und ihrer Verschiedenheiten ergiebt noch folgende bemerkenswerthe Verhältnisse. Beachtet man nämlich erstens das Verhalten der undeutlichen Nebenlinie, oder des Doppelbildes zwischen der vorderen und hinteren Linie, so findet man nicht nur, dass sie ihre Lage so lange ganz ruhig behauptet, als man fest fixirt, und dass man dadurch ihre Lage in der oben angegebenen Weise willkürlich bestimmen kann, sondern auch, dass die Bewegungen des Nebenbildes von der einen Hauptlinie zur anderen, wie sie bei mangelhaftem oder unbestimmtem Fixiren beobachtet werden, keineswegs schnell erfolgen, sondern so langsam, dass man ihnen sehr gut mit der Aufmerksamkeit folgen kann, ohne dass in irgend einer Weise von einem Verschmelzen der Nachbilder, wie bei den Bildern der stroboskopischen Scheiben die Rede sein könnte. — Nicht weniger beachtenswerth ist die Beobachtung, dass auch bei der momentanen Beleuchtung durch den elektrischen Funken, welche nur etwa 0,000001 Secunde dauert, derselbe Unterschied der Erscheinungen bei der binoculären Betrachtung von Fig. 31 und von Fig. 32 wahrgenommen wird. Diesen Versuch habe ich unter gütiger Mitwirkung des Herrn Professor Karsten im hiesigen physikalischen Institute, mittels der von Dove angegebenen Vorrichtung angestellt, indem der in bestimmten Intervallen wiederkehrende Funke einer sich vier- bis fünfmal in der Minute entladenden Leidener Flasche zur Beleuchtung benutzt wurde. Bei der stereoskopischen Betrachtung der Fig. 31 nahmen wir im gemeinschaftlichen Gesichtsfelde ganz deutlich und bestimmt zwei einfache Linien wahr, ohne Spur von Doppel- oder Nebenbildern. Diese zwei reinen Linien erschienen ganz unzweifelhaft in solcher Stellung, dass die linke sich schräg hinter der rechten befand, und Dove's Angabe, dass die dem Sehen mit zwei Augen eigenthümliche Empfindungsweise der Tiefe im Raume, oder des Körperlichen, auch bei der Beleuchtung durch den elektrischen Funken statt hat, lässt sich ganz vorzüglich an solchen einfachen Objecten constatiren, während sie bei den mehr complicirten stereoskopischen Bildern schon viel schwieriger und weniger unzweifelhaft wahrzunehmen ist. — Bei der Betrachtung der Fig. 32 hingegen ist das Nebenbild ebensowohl bei der Beleuchtung durch den elektrischen Funken, als unter den gewöhnlichen Verhältnissen ganz deutlich und bestimmt wahrnehmbar. Es hat dasselbe auch das gewöhnliche, verwischte oder schattenhafte Aussehen, und die Empfindung der Tiefe, als läge die Linie 3 schräg vor der Linie 4, ist auch bei diesen Objecten in ganz unzweifelhafter Weise vorhanden.

§. 2.

Bei dem auffallenden Unterschiede, der sich im Sammelbilde des gemeinschaftlichen Gesichtsfeldes bemerklich macht, wenn man Doppellinien, deren Abstände um eine geringere oder bedeutendere Grösse von einander differiren, durch binoculäres Sehen vereinigt, liegt die Aufforderung vor, die Grenzwerthe zu bestimmen, und dieselben zu den Localverhältnissen der Retina in Beziehung zu bringen. Bei Anwendung gewöhnlicher Linsenstereoskope finde ich nun, dass zwei Doppellinien, deren Abstände um 1 Millimeter von einander differiren, leicht und unfehlbar im gemeinschaftlichen Gesichtsfelde beim binoculären Sehen mit einander verschmelzen. Beträgt der Unterschied der Abstände 2 Millimeter, so ist das Verschmelzen auch noch vollkommen möglich; bei einer Differenz von 3 Millimetern sehe ich aber schon immer Doppelbilder. Professor Karsten gelang ein vollständiges Verschmelzen noch bei dieser Differenz der Abstände, bei einem Unterschiede von 4 Millimetern aber traten die Doppelbilder entschieden auf. Bei einer grösseren Differenz ist es keinem der von mir darüber Befragten gelungen, die Vereinigung ohne Auftreten von Doppelbildern zu bewerkstelligen. Um die Beziehung zu den Dimensionen im Netzhautbilde zu finden, müsste man bei Benutzung dieses Instruments die Vergrösserung berücksichtigen; dieses habe ich vermieden, indem ich den Versuch unter Anwendung zweier einfacher, offener, innen geschwärzter Röhren anstellte, die durch eine passende Vorrichtung so verbunden waren, dass ihre, den Augen zugewandten Enden, eine der Entfernung der Drehpunkte der Augen gleiche Entfernung hatten, und welche im Rande selbst, ohne Veränderung dieser Entfernung, horizontal gedreht werden konnten (vgl. S. 2). Die Länge der angewandten Röhren betrug 390 Millimeter; der Abstand der Objecte vom vorderen Ende der Röhren 35 Millimeter, und der Abstand der Knotenpunkte der Augen vom vorderen Rande der Röhren betrug ebenfalls etwa 35 Millimeter. Der Abstand des Objects von den vereinigt gedachten Knotenpunkten des jederseitigen Auges betrug mithin 460 Millimeter. Ich konnte bei Anwendung dieses Apparats zwei jederseits befindliche Linienpaare, deren Abstände um 2 Millimeter von einander differirten, leicht ohne Nebenbilder im gemeinschaftlichen Gesichtsfelde vereinigen; wenn der Unterschied der Abstände der Linien 3 Millimeter betrug, gelang dies nur schwierig und momentan, indem die Linien des Sammelbildes in einzelnen Augenblicken wohl einfach erschienen, dann aber wieder ein nebelhaftes Doppelbild, gewöhnlich zwischen beiden Strichen, bemerkbar wurde; bei einer Differenz von 4 Millimetern war dies Doppelbild immer vorhanden. Berechnet man hiernach die entsprechenden Grössenverhältnisse im Netzhautbilde, den Abstand der vereinigt gedachten Knotenpunkte des Auges von der Retina gleich 12 Millimeter gesetzt, so beträgt diese für eine Differenz von 2 Millimetern im Objecte 0,052 Millimeter im Netzhautbilde, für eine Differenz von 3 Millimetern im Objecte 0,078 Millimeter im Netzhautbilde, und für eine Differenz von 4 Millimetern im Objecte 0,104 Millimeter im Netzhautbilde. Da nun die Breite der Zapfen der Netzhaut zwischen 0,0045 und 0,0067 Millimeter schwankt, die der Stäbchen aber etwa 0,0018 Millimeter beträgt, so scheint der Grenzwerth der Breite von 15 bis 20 Zapfen einigermaassen zu entsprechen, und für verschiedene Individuen scheint der Unterschied der Grösse, bei welcher die Doppelbilder das Verschmelzen zum einfachen Bilde ablösen, 0,026 Millimeter im Netzhautbilde nicht zu übersteigen. — Für horizontale Linien scheinen die Grenzwerthe etwas geringere Grössen zu haben. — Bedenkt man, dass ein normales Auge nach E. H. Weber zwei schwarze Parallellinien auf weissem Grunde noch als doppelt erkennen kann, wenn die Distanz ihrer Bilder auf der Retina 0,00268 bis 0,00333 Millimeter (0,00119 bis 0,00148 Pariser Linie) beträgt, so wird es besonders einleuchtend, wie verhältnissmässig gross die Ausdehnung der Netzhautpartien ist, innerhalb deren eine einfache Empfindung mit einem entsprechenden Punkte der anderen Netzhaut vermittelt wird.

§. 3.

Es versteht sich von selbst, dass die Erscheinung des einheitlichen Verschmelzens der geraden Linien der Fig. 31 *A* und *B* wesentlich dieselbe ist, welche Wheatstone beobachtete, indem er einen grösseren Kreis des einen und einen etwas kleineren des anderen Gesichtsfeldes im Sammelbilde einheitlich sah (vergl. S. 8 und S. 13). Ein Paar weitere Modificationen dieses Wheatstone'schen Versuchs mit den Kreisen von ungleicher Grösse, die ich vorgenommen habe, sind für die Theorie noch von besonderem Interesse und mögen daher hier ihren Platz finden. Wenn man auf jeder Seite einen gleich grossen Kreis anbringt und in diesem jederseits einen nur wenig kleineren, der jedoch auf der einen Seite einen 1 bis 2 Millimeter grösseren Radius hat, als auf der anderen, wie in Fig. 33, so sieht man im Sammelbilde

(Fig. 33.)

A   *B*

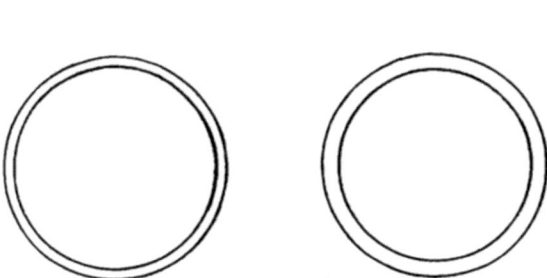

zwei einfache Kreise, ohne Doppel- oder Nebenbilder. (Die eigenthümliche scheinbare Lage dieser Kreise zu einander soll später besprochen werden.) Complicirt man dies Object noch etwas mehr, wie in Fig. 34, wo (von aussen gerechnet) der erste und dritte Kreis in A und B gleich gross sind, während der zweite Kreis in B etwas kleiner ist, als in A, wogegen der vierte Kreis umgekehrt in A kleiner ist, als in B, so sieht man im gemeinschaftlichen Gesichtsfelde

(Fig. 34.)

$A \qquad\qquad\qquad\qquad B$

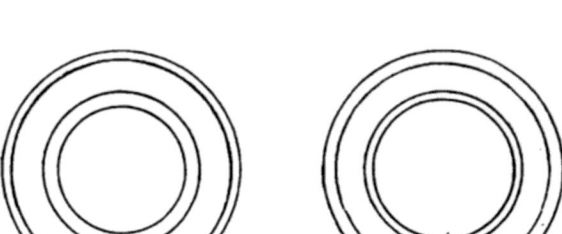

4 Kreise, ohne Spur von Nebenbildern. Ein ganz entsprechendes Resultat erlangt man, wenn man durch passende Einstellung der Augenachsen die Bilder A und B der Fig. 35 vereinigt.

(Fig. 35.)

$A \qquad\qquad\qquad\qquad B$

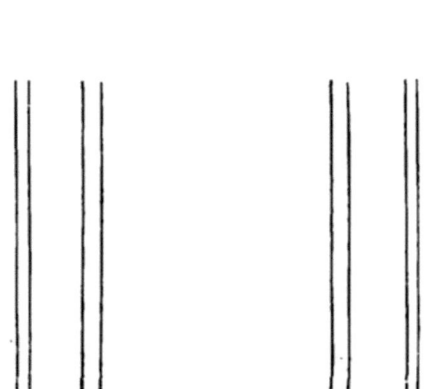

Man sieht dann nämlich im Sammelbilde 4 reine und scharfe Linien ohne Spur von Neben- oder Doppelbildern.

§. 4.

Wenn man die oben (S. 29 bis 42) festgestellten Thatsachen berücksichtigt, dass nämlich die in das gemeinschaftliche Gesichtsfeld eingetragene Contour die ihr zunächst anliegende Grundfärbung mit in dasselbe überträgt, und dass dadurch unter Umständen andere Contouren, die auf correspondirende Netzhautstellen des anderen Auges fallen, ausgelöscht oder unsichtbar gemacht werden können, so liegt die Vermuthung nahe, dass vielleicht dieses Verhalten das Nichterscheinen der Doppelbilder unter den eben besprochenen Verhältnissen erklären könnte. Wenn man bei dem Versuche mit den zur Kreuzung gebrachten Doppellinien (siehe S. 33 Fig. 20) sieht, wie die Contouren an der Kreuzungsstelle einander verwischen, und wenn man die anderen oben S. 33 bis 38 angeführten Versuche berücksichtigt, so scheinen diese Erscheinungen mit der in Rede stehenden allerdings einige Analogie darzubieten. Wenn man nämlich Fig. 31 stereoskopisch betrachtet, so könnte ja eine Linie von A mit einer Linie von B auf wirklich identischen Netzhautpunkten zur Deckung kommen und in Folge dessen einfach erscheinen; die zweite Linie des Feldes B würde aber im gemeinschaftlichen Gesichtsfelde der zweiten Linie des Feldes A so nahe zu liegen kommen, dass man sich wohl vorstellen könnte, die eine oder andere derselben werde durch die der Contour anliegende, mit in das gemeinschaftliche Gesichtsfeld übertragene Grundfärbung ausgelöscht werden. Vollständig ist aber diese Analogie doch nicht; denn wo in den früheren Versuchen eine Contour durch die andere im gemeinschaftlichen Gesichtsfelde unsichtbar gemacht wurde, zeigte sich ein unruhiger Wechsel im Bilde, indem bald die eine bald die andere Contour hervortrat, besonders wenn sie einigermaassen gleich stark waren. Von einer solchen Unruhe und einem solchen abwechselnden Hervortreten der Bilder wird aber im gegenwärtig in Rede stehenden Falle Nichts bemerkt. Statt der zwei weiter von einander entfernten Doppelstriche im einen und der zwei einander näheren im anderen Bilde, sieht man hier im gemeinschaftlichen Gesichtsfelde zwei reine und scharfe Linien, von denen die eine schräg vor der anderen zu liegen scheint. Es war also zu untersuchen, ob eine der Linien, die nicht auf correspondirende Netzhautstellen zur Deckung gebracht werden konnten, vielleicht durch die anliegende Grundfärbung der entsprechenden Contour des anderen Bildes ganz ausgelöscht und unsichtbar gemacht werde. In dieser Absicht stellte ich nun folgende Versuche an:

a) Wenn das in Fig. 31 angegebene Object im gemeinschaftlichen Gesichtsfelde als zwei einfache Linien gesehen wurde, von denen die eine vor der anderen zu liegen schien, so glaubte ich mich durch abwechselndes Schliessen des einen und des anderen Auges bei unveränderter Augenstellung zu überzeugen, dass die vordere Linie durch vollständige Deckung der äusseren der engen und der inneren der weiten Linien (Linie 1 und 3) gebildet war; denn der scheinbare Ort dieser Linie im gemeinschaftlichen Gesichtsfelde blieb unverändert, wenn sie mit dem einen, dem anderen oder beiden Augen bei unveränderter Augenstellung betrachtet wurde. Bezüglich der im Sammelbilde hinten erscheinenden Linie, an deren Bildung hiernach nur die Linie 2 und 4 oder eine einzige derselben Antheil haben konnte, schien mir die äussere der weiteren Linien (Linie 4) bei diesem Versuche ihren Ort zu behaupten, die Linie 2 schien mir aber ganz verschwunden zu sein. Der seitliche Abstand beider Linien im Sammelbilde scheint auch immer ganz entschieden grösser zu sein, als der der engen Linien (1 und 2) und mit dem der weiter von einander entfernten Linien (3 und 4) möglichst übereinzukommen. Bliebe man bei diesem Versuche stehen, so würde es durch ihn wahrscheinlich gemacht werden können, dass die innere der engeren Linien (Linie 2) durch die der äusseren der weiten Linien (Linie 4) anliegende, und mit ihr in das gemeinschaftliche Gesichtsfeld hinübergenommene Grundfärbung verdeckt und unsichtbar gemacht worden sei. Da ich mich indess hierbei nicht beruhigen konnte,

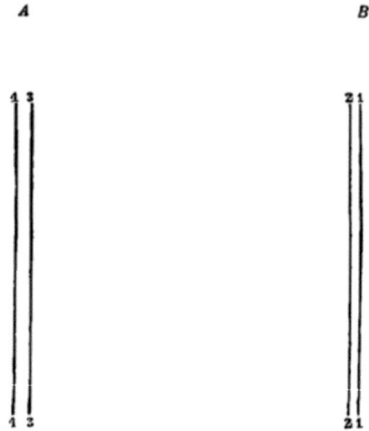

weil die vergleichende Ortsbestimmung doch ihre besondere Schwierigkeit hat, indem sie eine vollkommen unverwandte und unveränderte Augenstellung voraussetzt, sann ich noch andere Versuche aus, welche die Frage zur Entscheidung bringen könnten.

b) Ich zeichnete dieselben schwarzen Linien auf verschiedenfarbigem Grunde und brachte sie in der früheren Weise zur Deckung. Es erschien dann, wie gewöhnlich, im gemeinschaftlichen Gesichtsfelde eine Mischfarbe oder ein Alterniren der Farben beider Gesichtsfelder; es war aber hierbei, gegen Erwartung, auch im Zwischenraume zwischen den beiden, im gemeinschaftlichen Gesichtsfelde sichtbaren Linien dieselbe Mischung oder dasselbe Alterniren der Farben bemerkbar. Die Linien verschmolzen in der gewöhnlichen Weise zu einer vorderen und einer hinteren Linie, ohne dass hierbei auf die Färbung überhaupt ein merklicher Einfluss ausgeübt wurde. Unter obiger Annahme hätte man aber erwarten sollen, dass die äussere der weiteren Linien ihre anliegende Grundfärbung mit in das gemeinschaftliche Gesichtsfeld hinübergenommen hätte, wovon die Folge hätte sein müssen, dass die hintere Linie beiderseits von einem Saume der der äusseren unter den weiten Linien (Linie 4) anliegenden Grundfärbung umgeben gewesen wäre. Das war aber nicht der Fall, und jene Muthmassung wurde schon hierdurch wieder zweifelhaft gemacht.

c) Da ich mir bezüglich dieses letzten Versuchs noch dachte, dass die Grundfärbung, welche der inneren der engeren Linien (Linie 2) anlag, sich vielleicht im gemeinschaftlichen Gesichtsfelde geltend machen könnte, obgleich die Linie selbst durch die anliegende Grundfärbung der anderen zum Verschwinden gebracht wäre, richtete ich den Versuch so ein, dass ich verschiedenfarbige, ungleich weite Doppellinien auf weissem Grunde zur Deckung brachte. Im Sammelbilde erschien dann sowohl die vordere als auch die hintere Linie des Sammelbildes in der Mischfarbe oder in abwechselnder Färbung, ohne dass die eine sich durch eine verschiedene

Färbung vor der anderen auszeichnete. Dieser Versuch spricht offenbar noch entschiedener, als der nächstvorhergehende, gegen obige Muthmassung.

d) Um zu einem entscheidenden Resultate zu kommen, versuchte ich endlich die Linien, obgleich im Ganzen ähnlich und einander so entsprechend, dass sie im gemeinschaftlichen Gesichtsfelde zur Deckung gebracht werden konnten, doch durch kleine Abzeichen bestimmt von einander kenntlich zu machen. Es wurden z. B. die weiter von einander entfernten Doppelstriche an ihren inneren, einander zugewandten Rändern durch eine oder mehrere kleine seitliche Strichelchen bezeichnet, die engen Doppelstriche aber an ihren äusseren, von einander abgewandten Rändern mit entsprechenden Abzeichen versehen. Alsdann wurden jene Strichelchen im gemeinschaftlichen Gesichtsfelde zu beiden Seiten der beiden hier sichtbaren Linien wahrgenommen, sowohl an der hinteren, als an der vorderen Linie.

Es geht aus den drei letztangeführten Versuchen hervor, dass jene Analogie des Verlöschens ungleich verlaufender Contouren durch die der einen oder anderen derselben anliegende Grundfärbung, auf den gegenwärtigen Fall, wo zwei und zwei in gleicher Weise verlaufende, aber ungleich weit von einander entfernte Linien im gemeinschaftlichen Gesichtsfelde vollständig zu zwei einfachen, aber in verschiedenen Ebenen liegenden Linien verschmelzen, keine Anwendung findet. Denn nicht nur diejenige Linie, die im gemeinschaftlichen Gesichtsfelde vorn erscheint, ist durch Deckung zweier Linien (1 und 3) entstanden, sondern auch die hintere Linie wird durch Deckung zweier Linien (2 und 4) constituirt. Die Linie 2 ist folglich nicht durch die der Linie 4 anliegende Grundfärbung vernichtet oder unsichtbar gemacht, sondern ihr scheinbarer Ort ist so verändert, dass sie die Linie 4 gerade so deckt, wie die Linie 1 die Linie 3.

Es scheint uns also nichts Anderes übrig zu bleiben, als anzunehmen, dass das scheinbare Verschmelzen der Doppellinien, deren Abstandsdifferenzen ein gewisses Maass nicht überschreiten, von einer ganz eigenthümlichen Wechselwirkung der beiderseitigen Nervenerregungen im centralen Sehapparate abhängt.

B. Rückblick und Zusammenstellung.

Die Thatsache, dass beim Sehen mit zwei Augen, Contouren, die nicht identische Netzhautstellen treffen, oder die ausserhalb des jedesmaligen Horopters liegen, nicht immer als Doppelbilder wahrgenommen werden, hatte man (siehe S. 5) erstlich durch die Hypothese zu erklären gesucht, dass die Convergenzwinkel der Augenachsen in einer unaufhörlichen Veränderung begriffen seien, wobei die verschiedenen Horopter, die durch die Fixation der Linien gegeben seien, so schnell durchlaufen würden, dass die nach einander auftretenden Bilder, ähnlich wie bei den stroboskopischen Scheiben, mit einander verschmelzen könnten.

Folgende, S. 52 bis 53 ausführlicher erörterte Thatsachen widerlegen diese Hypothese: Wir fanden nämlich 1) dass das Doppelbild, das bei stereoskopischer Betrachtung der Fig. 32 neben der vorderen oder hinteren Linie wahrgenommen wird, sich keineswegs in einer solchen schnellen Bewegung befindet, wie man es nach dieser Hypothese erwarten sollte. Wenn es seinen Ort verändert, so erfolgt dies vielmehr meist langsam, und lässt sich sehr wohl verfolgen, ja man kann es, wie wir sahen, willkürlich durch Fixiren an der einen oder anderen Stelle ganz ruhig festhalten. Schon hierdurch wird es unwahrscheinlich, dass, bei etwas grösserer Annäherung der Linien der einen Seite (*A*) an einander, ein so schnelles Osciliren der Augenachsen, wie man es annahm, eintreten sollte, indem ein solches Oscilliren bei etwas grösseren Entfernungen der Linien entschieden nicht statt hat. Wir haben ferner gesehen 2) dass bei der momentanen, nur etwa 0,000001 Secunde dauernden Beleuchtung durch den elektrischen Funken in Fig. 31 zwei reine Linien ohne Nebenbilder, bei Fig. 32 aber immer ein Nebenbild zwischen den Linien wahrgenommen wird, vorausgesetzt, dass man die Augen richtig eingestellt hat. Bei der ganz momentanen Dauer des elektrischen Funkens kann dieser Unterschied offenbar unmöglich von den Augenbewegungen abhängen.

Zweitens hat man (siehe S. 8) für gewisse Fälle, namentlich zur Erklärung der Thatsache, dass zwei Kreise von etwas verschiedener Grösse ohne Nebenbild einheitlich gesehen werden, die Hypothese zu Hülfe genommen, dass Accommodationsveränderungen das einheitliche Verschmelzen der ungleichen Bilder bedingen könnten. Man könnte sich ja vorstellen, dass durch eine Veränderung in den brechenden Medien des Auges die Knotenpunkte ihre Lage zur Netzhaut, z. B. durch Ortsveränderung der Linse oder Verkürzung des Auges in der Weise änderten, dass das Bild des grösseren Kreises auf der einen Netzhaut, dem Bilde des kleineren Kreises auf der anderen Netzhaut wirklich gleich gemacht würde. Die Deutlichkeit des einheitlichen Sammelbildes könnte man sich dabei durch die gleichzeitige Annahme erklären, dass das Brechungsvermögen des Auges, z. B. durch Krümmungsveränderung der Linse in entsprechender Weise verändert würde. Gegen diese Erklärung machten wir schon oben (S. 9) geltend, dass sie bei complicirten Bildern nicht zutreffe, da eine relative Verkleinerung des einen oder eine relative Vergrösserung des anderen Netzhautbildes natürlich nur für das ganze Bild denkbar sei. Nach dem Vorhergehenden können wir diese Hypothese bestimmter widerlegen. Schon dem in Fig. 33 gegebenen Objecte gegenüber ist sie nicht haltbar, denn die äusseren gleich grossen Kreise werden im gemeinschaftlichen Gesichtsfelde ebensowohl einfach gesehen, als die kleineren. In noch mehr schlagender Weise wird aber diese Hypothese durch Fig. 34 und Fig. 35 widerlegt. In Fig. 34 ist der erste und dritte Kreis (von aussen gerechnet) auf beiden Seiten, in A und B, gleich gross, der zweite ist aber in B etwas kleiner als in A, der vierte umgekehrt in A etwas kleiner als in B. In Fig. 35 muss je ein Paar der engen Striche des einen Netzhautbildes mit je einem Paar der weiten Striche des anderen Netzhautbildes im gemeinschaftlichen Gesichtsfelde zusammenfallen. Dennoch sieht man die vier Kreise der Fig. 34 und die vier Linien der Fig. 35 im gemeinschaftlichen Gesichtsfelde, ganz entschieden, rein und ohne Spur von Nebenbildern, während doch der Accommodationszustand für alle Linien des Feldes zu gleicher Zeit wesentlich derselbe sein muss.

Drittens hat man von vielen Seiten her der Psyche es zugeschrieben, dass die Doppelbilder beim binoculären Betrachten verschiedener Contouren nicht immer wahrgenommen werden. Schon Wheatstone neigte sich dieser Erklärung zu, obgleich er sie nicht ganz bestimmt aussprach. Brücke nahm sie für manche Fälle an und Volkmann, Meissner, Funke u. A. haben sie noch weiter ausgedehnt. Schon oben (S. 13) erhoben wir einige Zweifel über die allgemeine Gültigkeit dieser Erklärung, indem die Doppelbilder nur bei grösseren Abweichungen der Contouren beider Netzhautbilder von einander wahrgenommen werden, bei geringeren Abweichungen sich aber der allerschärfsten Aufmerksamkeit entziehen. Für diese Fälle pflegte man nun Brücke's Hypothese anzuziehen, der zufolge die oscillirenden Schwankungen der Convergenzwinkel der Augenachsen die Doppelbilder vernichten sollten, während dieselben nothwendig vorhanden sein müssten, wenn gehörig fixirt werden könnte. Wir haben aber (Seite 54) gesehen, dass auch bei der Beleuchtung durch den elektrischen Funken, wo, bei der momentanen Dauer des Eindrucks, von Schwankungen der Augenachsen nicht die

Rede sein kann, trotz der angestrengtesten Aufmerksamkeit, bei geringeren Abstandsdifferenzen der Doppelcontouren keine Spur eines Doppelbildes wahrzunehmen war, während es bei grösseren Abstandsdifferenzen sehr wohl wahrgenommen werden konnte. Dieser Grundversuch scheint zur Annahme zu nöthigen, dass hier eigenthümliche und verschiedene Empfindungs- oder Reactionsweisen des nervösen Sehapparats vorliegen, welche aus der Wechselwirkung der durch die beiden etwas verschiedenen Netzhautbilder gesetzten Erregungen hervorgehen. Einem Mangel der Aufmerksamkeit kann man unmöglich das Nichtvorhandensein des Doppelbildes in genanntem Falle zuschreiben, nicht nur weil man beim Beobachten doch glücklicherweise Herr seiner Aufmerksamkeit ist, und auch den schwächsten Eindrücken dieselbe zuwenden kann, welche unsere Sinnlichkeit uns zuführt, sondern auch weil wir die Neben- oder Doppelbilder bei etwas grösseren Abstandsdifferenzen der Doppelcontouren wirklich wahrnehmen. Dass hier eine eigenthümliche Erregungsweise der beim Sehen functionirenden nervösen Elemente vorliegt, geht auch noch aus einer anderen S. 53 mitgetheilten Beobachtung hervor. Wir sahen dort nämlich, dass das gewöhnlich zwischen der vorderen und hinteren Linie liegende Neben- oder Doppelbild bei nicht zu grossen Abstandsdifferenzen verwischt erscheint. Ein Mangel der Aufmerksamkeit kann hieran unmöglich Schuld sein, wenn wir bei unserer Beobachtung gerade diesem Doppelbilde unsere ganze Aufmerksamkeit, viel mehr als den anderen, deutlich und scharf erscheinenden Linien, zuwenden. Es wird das nebelhafte Verwischtsein dieser Linien um so auffallender, als es sich bei den verhältnissmässig geringen Abständen der Linien von einander, jedenfalls um die Gegend der Retina handelt, die am schärfsten sieht, nicht um weit seitlich von den Augenachsen gelegene Netzhautpartien. Ja es sind die Linien gerade dann am allermeisten verwischt, wenn wir im Bilde des gemeinschaftlichen Gesichtsfeldes der Fig. 32 den Zwischenraum zwischen der vorderen und hinteren Linie scharf fixiren, und dabei, wie oben bemerkt, zwei nebelhafte Linien zwischen den deutlich und scharf dastehenden beiden anderen Linien, der vorderen und der hinteren, wahrnehmen. Dann entspricht ja aber die Lage dieser nebelhaft erscheinenden Linien auf der Netzhaut gerade der Stelle des allerschärfsten Sehens, während die deutlich gesehenen Linien mehr seitlich liegen. Dass endlich von einer Verstärkung der anderen, deutlichen und scharfen Linien durch Deckung der Contouren beider Netzhautbilder nicht die Rede sein kann, versteht sich von selbst, da ja bisweilen alle vier vorhandene Linien gleichzeitig gesehen werden und dann dieselben Unterschiede zeigen. Nachdem wir die Erfahrungen festgestellt hatten, denen zufolge das Verschwinden der Doppelbilder bei geringen Abstandsdifferenzen gleicher, beim Sehen mit zwei Augen zur Deckung gebrachter Contouren, von der rein sinnlichen Empfindung abhängig ist, haben wir die Grenzwerthe dieser Abstandsdifferenzen, bei denen das einheitliche Verschmelzen der Contouren noch statt hat, und bei denen noch das Doppelbild wahrgenommen wird, näher bestimmt. Bei Anwendung gewöhnlicher Linsenstereoskope fanden wir, dass der Unterschied bis gegen 3 Millimeter im Objectbilde betragen kann, bevor das Doppelbild wahrnehmbar wird. Im Netzhautbilde beträgt dies reichlich 15 Zapfenbreiten. Beim Sehen mit zwei Augen vermittelt also eine Netzhautpartie von diesem Durchmesser mit einem entsprechenden Netzhautpunkte des anderen Auges noch eine einheitliche Empfindung, während jedes Auge für sich schon die Distanz senkrechter paralleler Linien von weniger als einer Zapfenbreite im Netzhautbilde gesondert zu erkennen vermag. — Das Angeführte gilt für senkrechte schwarze Linien auf weissem Grunde; für horizontale Linien scheinen die Abstandsdifferenzen, bei denen noch einheitliches Sehen möglich ist, etwas geringer zu sein.

Was nun die Beziehungen dieser Thatsachen zur Lehre von den identischen Punkten der Netzhaut betrifft, so ist es schon ohne Weiteres klar, dass der **Hauptsatz** dieser Lehre, wonach je zwei Eindrücke, welche zwei identische oder correspondirende Netzhautpunkte afficiren, immer und unter allen Umständen einfach empfunden werden, durch dieselbe in keiner Weise alterirt wird. Der Corellarsatz aber, wonach je zwei Eindrücke, welche zwei nicht identische Netzhautpunkte afficiren, immer und unter allen Umständen doppelt empfunden werden sollen, steht mit den Thatsachen in Widerspruch, und ist nur dann richtig, wenn die Abstände der nicht identischen Netzhautpunkte von den identischen eine gewisse Grösse überschreiten. **Wheatstone** hatte somit Unrecht, die ganze Lehre zu verwerfen, anstatt des Corellarsatzes, und **Brücke** hatte Unrecht, wenn er den Corellarsatz neben dem Hauptsatz in seiner ganzen Strenge aufrecht erhalten wollte. Mit logischer Nothwendigkeit kann der Corellarsatz nämlich aus dem Hauptsatz nicht gefolgert werden, sondern es steht der Erfahrung zu, durch das Experiment darüber zu entscheiden, ob er stichhaltig ist, und diese Erfahrung ist im Obigen ausgesprochen. Es kann also eine einfache Ortsempfindung nicht nur durch je zwei **Punkte** beider Netzhäute, die man identische oder correspondirende zu nennen pflegt, vermittelt werden, sondern ein jeder empfindende Punkt der einen Retina, kann mit einer gewissen Anzahl zusammenliegender Punkte der anderen Retina eine einfache Ortsempfindung geben. Wenn man also diejenigen Netzhautpunkte beider Augen, die zusammen eine einfache Empfindung geben, correspondirende nennen will, so muss man sagen, dass jeder Netzhautpunkt **mehrere** correspondirende **Punkte oder einen correspondirenden Empfindungskreis** im anderen Auge habe. Will man daher den bisherigen Begriff der correspondirenden Netzhautpunkte festhalten, so muss man hierunter die **Mittelpunkte** der mit einander correspondirenden oder identischen Empfindungskreise der Netzhaut verstehen, und dieselben demgemäss definiren.

Insofern die Lehre vom Horopter nur eine weitere Entwickelung der Lehre von den correspondirenden Netzhautpunkten ist, muss auch sie in entsprechender Weise durch die gegenwärtige Thatsache alterirt werden. Wenn nämlich der Horopter als derjenige Raum definirt wird, dessen Punkte sämmtlich, bei unveränderter Augenstellung, einfach gesehen werden, so ist es nach Obigem klar, dass derselbe keine einfache Fläche darstellt, sondern eine gewisse Tiefe hat. Diese Tiefe wird durch die (15 bis 20 Zapfenbreiten des Retinabildes entsprechende) Winkelgrösse bestimmt, und sie muss für eine jede Augenstellung eine verschiedene sein. Da die Horopterabstände im Verhältniss der Tangenten der Drehungswinkel wachsen, so muss die Tiefe des wirklichen Horopterraums um so bedeutender sein, je mehr die Augenstellung sich der parallelen nähert, oder mit anderen Worten, je grösser der Horopter ist. Wenn man aber als Horopterfläche diejenige ideale Fläche bezeichnen will, in der sich, bei gegebener Augenstellung, die Projectionslinien der **Mittelpunkte** der correspondirenden oder identischen Netzhautstellen (d. h. der correspondirenden oder identischen Netzhautpunkte im gewöhnlichen Sinne) einander schneiden, so scheint dagegen Nichts eingewandt werden zu können.

Die Thatsache, dass jeder Netzhautpunkt des einen Auges einen correspondirenden Empfindungskreis im anderen Auge hat, dessen Erregung in seinen verschiedenen Punkten mit dem entsprechenden Netzhautpunkte des anderen Auges zusammen eine einheitliche Empfindung vermittelt, konnten wir nur als von einer ganz eigenthümlichen Wechselwirkung der beiderseitigen Nervenerregungen im centralen Sehapparat abhängig auffassen. Die naheliegende Vermuthung, dass dieselbe abhängig sein könnte von dem S. 29 u. fgde. nachgewiesenen Miteintragen der der Contour anliegenden Grundfärbung in das gemeinschaftliche Gesichtsfeld, bestätigte sich nämlich nicht. Denn wir sahen S. 57 bis 59, dass eine scheinbare Verschmelzung beider Doppellinien wirklich statt hat, indem jede derselben ihre Eigenthümlichkeiten dem Sammelbilde mittheilt.

Nachdem wir im Vorhergehenden die beiden Fälle streng unterschieden haben, wo beim Sehen mit zwei Augen die Doppelbilder fehlen, obgleich nicht ganz identische Netzhautstellen (im gewöhnlichen Sinne) von den Contouren getroffen werden, und wo die Doppelbilder wirklich vorhanden sind, wollen wir bezüglich des letzteren Falles noch hinzufügen, dass wir für ihn, aber auch nur für ihn, nicht für den erstgenannten Fall, die verschiedenen Momente anerkennen, welche, besonders von Brücke betont (siehe S. 6), nach der herrschenden Ansicht dazu beitragen, dass die Doppelbilder sich der Beobachtung entziehen. Diese Momente waren folgende: 1) Die Doppelbilder treffen oft Theile der Netzhaut, welche an sich nicht scharf sehen, indem wir die Augenachsen, mit den Stellen des schärfsten Sehens für die Bildpunkte einstellen, die wir gerade fixiren. Die seitlich gelegenen Bildpunkte und Contouren werden somit, insofern sie nicht in den beiden Netzhautbildern mit einander übereinstimmen, doppelt und undeutlich gesehen. 2) Die Doppelbilder werden nur mit je einem Auge gesehen; es geht ihnen daher die Verstärkung des Eindrucks ab, welche aus der gleichzeitigen Einwirkung gleicher Contouren auf identische Netzhautstellen entsteht. 3) Der Einfluss der Accommodationsthätigkeit kommt dabei ebenfalls in Betracht, insofern dieselbe die Augenstellung begleitet. 4) Der Einfluss der Aufmerksamkeit macht sich dabei auch geltend, insofern diese bei unbefangenem Sehen von den durch die genannten Momente verstärkten Eindrücken besonders angezogen wird. Wir müssen, nach unseren Untersuchungen endlich, diesen Momenten noch ein fünftes hinzufügen, das, in der Sinnlichkeit selbst begründet, noch mehr als die genannten dazu beiträgt, dass die Doppelbilder stellenweise bis zum Verschwinden undeutlich gemacht werden. Dies ist nämlich die oben S. 33 bis 38 besprochene Störung, welche einander im gemeinschaftlichen Gesichtsfelde kreuzende oder berührende Contouren durch einander erfahren, und welche, wie wir oben Seite 29 bis 33 und in der Zusammenstellung Seite 42 u. fgde. sahen, von der Stärke der Erregung abhängt, welche durch die Contouren und durch die ihnen anliegenden Grundfärbungen hervorgebracht wird, und wodurch sich dieselben im allgemeinen Gesichtsfelde so geltend machen, dass durch sie die Contouren des anderen Netzhautbildes zeitweilig oder gänzlich zum Verschwinden gebracht werden.

Ganz hiervon unabhängig ist aber das wirkliche Verschwinden der Doppelbilder, bei geringen Abstandsdifferenzen der einander entsprechenden Contouren. Dies muss in der Sinnlichkeit selbst, durch eine eigenthümliche Wechselwirkung oder Verschmelzung der durch die beiden verschiedenen Netzhautbilder gesetzten Erregungen des Centralorgans des Sehens begründet sein.

Drittes Capitel.

Die Bedingungen und Ursachen der eigenthümlichen Empfindung der Tiefe beim Sehen mit zwei Augen.

A. Beobachtungen und Thatsachen.

§. 1.

Die eigenthümliche Empfindung der Tiefe, welche entsteht, wenn jederseits zwei senkrechte oder schräge parallele Linien, deren Entfernung von einander ein wenig verschieden ist, im gemeinschaftlichen Gesichtsfelde zur Deckung gebracht werden, wird bekanntlich keineswegs hervorgebracht, wenn 2 und 2 gleich weit von einander entfernte parallele Linien in gleicher Weise gesammelt werden, sondern es erscheinen die Linien, welche in diesem Falle im gemeinschaftlichen Gesichtsfelde wahrgenommen werden, in einer und derselben Ebene. Dass diese eigenthümliche Empfindung der Tiefe nicht von den Augenbewegungen abhängig sein kann, geht daraus hervor, dass dieselbe, wie schon Dove fand, und wie wir oben constatirt haben, auch bei der momentanen Beleuchtung durch den elektrischen Funken ganz ebenso wahrgenommen wird, wie gewöhnlich. Dass das Muskelgefühl die Empfindung nicht vermitteln kann, geht natürlich aus demselben Versuche hervor, indem dabei die Augenbewegungen nicht zur Ausführung kommen. Es scheint nun zunächst darauf anzukommen, die Bedingungen näher festzustellen, unter denen diese eigenthümliche Empfindung der Tiefe zu Stande kömmt, welche in der Weise nur beim binoculären Sehen möglich ist.

Wir haben schon gesehen, dass bei dem einfachen Versuche mit den engeren und weiteren Linien, immer die äussere der engen Linien (1), mit der inneren der weiten Linien (3) im gemeinschaftlichen Gesichtsfelde zur Deckung gebracht, die vordere Linie constituirt, während die äussere der weiten Linien (4) mit der inneren der engen (2) zusammen die hintere Linie bildet. Verfolgt man das Verhalten hierbei nun genauer, so lässt sich darüber noch Folgendes feststellen:

1) Die ungleich weit von einander entfernten Linien müssen nicht nur nahezu gleichlaufend sein, so dass ihre Richtung eine Deckung ermöglicht, sondern sie müssen einander auch bezüglich der Contour und Farbe einigermaassen ähnlich sein, damit ein deutliches Bild zu Stande komme, worin der Effect der Tiefe recht deutlich ist. Bringt man z. B. zwei continuirliche, senkrechte Linien auf der einen, und zwei punktirte Linien auf der anderen Seite an (Fig. 36) oder jederseits eine äussere continuirliche und eine innere punktirte Linie

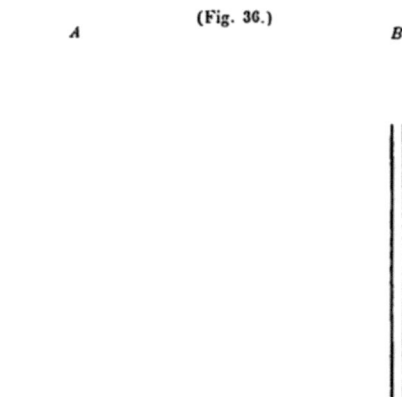

A   (Fig. 36.)   *B*

(Fig. 37), so findet keine verstärkende Deckung statt, indem die continuirliche Linie durch die punktirte undeutlich gemacht wird, und der körperliche Effect ist gering oder selbst gar

— 65 —

nicht wahrnehmbar. Ebenso ist, wie schon Dove bemerkt hat, der körperliche Effect bei Combination verschiedenfarbiger Linien gering oder fehlt ganz *). Zwei leicht wellige, senkrechte Linien mit zwei ganz geraden senkrechten Linien, deren Abstand ein wenig vom Abstande

(Fig. 37.)

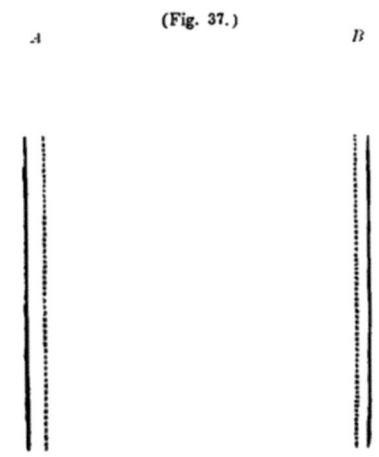

jener abweicht, zur Deckung gebracht, ergeben im Sammelbilde zwei wellige Linien, deren scheinbare Lage in ungleichen Ebenen allerdings noch deutlich erkennbar, aber weniger zwingend ist, als wo zwei und zwei ganz gerade Linien oder zwei und zwei einander ähnliche Wellenlinien im Sammelbilde zur Deckung gebracht werden. Je mehr die Contouren beiderseits an Dicke und Form mit einander übereinstimmen, desto ruhiger ist auch das Sammelbild.

2) Für den Effect des Hervortretens oder des Zurücktretens solcher Linien im Sammelbilde ist es ferner nothwendig, dass die zur Deckung gebrachten Linien in horizontaler Richtung die verschiedene Entfernung von einander haben **). Horizontale Doppellinien von ungleicher (also senkrechter) Entfernung von einander bringen den Eindruck einer bestimmten Lage vor oder hinter einander nicht hervor. Um bei diesem Versuche eine ruhige Augenstellung zu erzielen, ist es nothwendig, senkrechte Linien jederseits als dominirende Objecte anzubringen, und man zieht dieselben dann zweckmässig durch die Mitte der jederseits gleich langen horizontalen Doppellinien (Fig. 38). Sind statt dieser einfachen, senkrechten Linien der Fig. 38, zwei ungleich weit von einander entfernte senkrechte Doppellinien zugleich mit den horizontalen, und von gleicher Differenz der Abstände angebracht, wie in Fig. 39, so ist man allerdings geneigt, die eine oder die andere horizontale Linie mit der einen oder anderen der vorn oder hinten erscheinenden senkrechten Li-

---

*) Letzteres behauptet Dove; in allen Fällen finde ich das nicht bestätigt, aber weniger schlagend ist der Effect allerdings immer.

**) Einen hieher gehörigen Versuch mit schräg hinter einander ausgespannten Fäden hat Herm. Meyer in einer besonderen Abhandlung mitgetheilt in Gräfe's Archiv für Ophthalmologie II, 2. S. 92.

nien in Verbindung zu setzen, dass man urtheilt, sie liegen mit letzteren in gleicher Ebene vorn oder hinten. Dies halte ich indess nur für eine Täuschung des Urtheils, und nicht

(Fig. 38.)

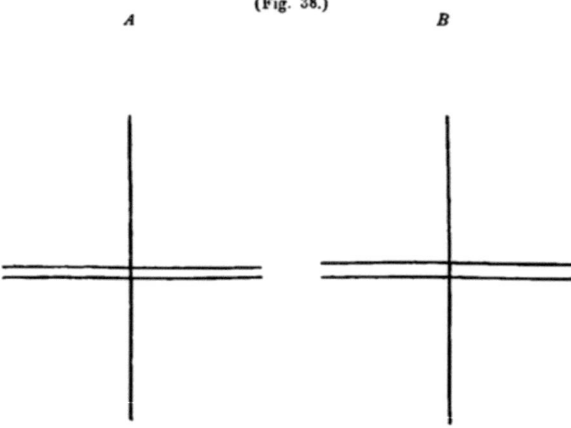

für eine durch binoculäres Sehen gesetzte Qualität der Empfindung; denn man kann sich selbst an der Kreuzungsstelle von dieser Vorstellung frei machen, wenn man seine Aufmerksamkeit

(Fig. 39.)

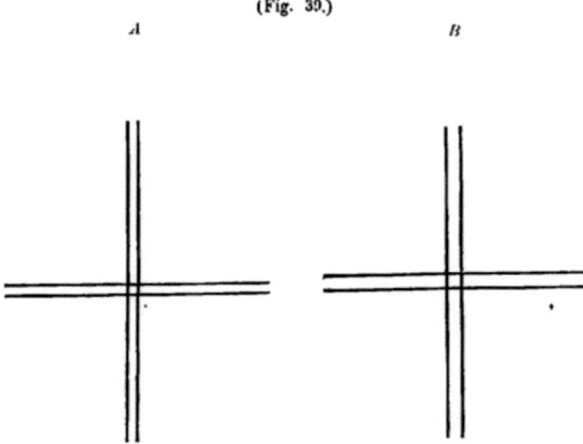

vorzüglich auf die horizontalen Linien richtet. Dies gelingt besonders leicht, wenn die Linien alle gleich stark sind. Man kann sich alsdann nach Belieben die obere oder die untere der horizontalen Linien mit der vorderen verbunden denken, und demgemäss sehen. Wenn je eine der horizontalen und je eine der zur Deckung gebrachten senkrechten Linien stärker ist, als die anderen horizontalen und senkrechten Linien, welche zur gegenseitigen Deckung kommen, so urtheilt man, dass die stärkeren Linien einerseits und die schwächeren Linien andererseits zusammengehören. In Fig. 40 z. B. setzt man die vordere der Linien des Sammelbildes in Verbindung mit der unteren der horizontalen Linien, weil diese ihr an Stärke

A   (Fig. 40.)   *B*

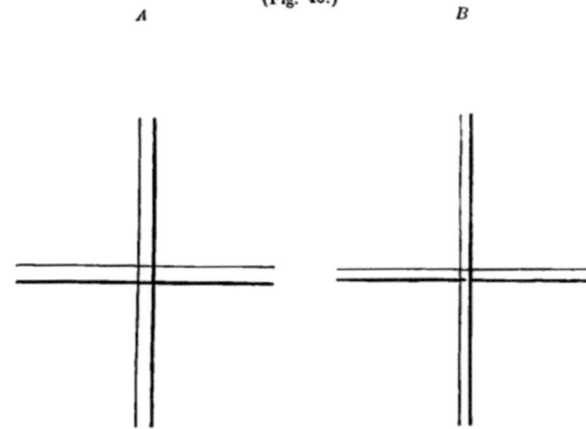

gleicht, die hintere Linie, welche schwächer ist, hingegen mit der oberen der horizontalen Linien, weil diese ebenfalls schwächer ist. Es wird dieser Auffassung auch durch die Erfahrung das Wort geredet, dass die vorn liegenden Objecte stärker und heller gesehen werden, und gerade dieselbe Auffassung wird daher auch beim monoculären Sehen, durch diese Zeichnung veranlasst. Selbst bei dieser Anordnung der Zeichnung ist es übrigens noch möglich, willkürlich jene durch die relative Stärke der Contouren gleichsam angerathene Combination abzuändern, und die stärkere vordere Linie mit der schwächeren oberen horizontalen in Gedanken zu combiniren, und demgemäss auch letztere vorn zu sehen. Bei schrägen Linien ist die Empfindung der Tiefe im Raume, wie bei den senkrechten vorhanden, sie ist aber bei gleicher Differenz der Abstände um so deutlicher und zwingender, je mehr sie sich der senkrechten, um so undeutlicher, je mehr sie sich der horizontalen Lage nähern.

    3) Die relative Stärke der Contouren hat auf die scheinbare Lage senkrechter oder schräger Linien im gemeinschaftlichen Gesichtsfelde nicht den geringsten Einfluss, wenn nur die zur Deckung kommenden Linien einander bezüglich der Stärke entsprechen. In Fig. 41 erscheint z. B. die dicke Linie im gemeinschaftlichen Gesichtsfelde hinten und die dünne vorn. — Es geht hieraus noch deutlicher hervor, dass es nur auf einer Täuschung des Urtheils beruhte, wenn die relative Stärke der Contour der horizontalen Linien in Fig. 40 ihre scheinbare Lage im Sammelbilde bestimmte.

    4) Wenn der Unterschied der horizontalen Abstände solcher Doppellinien, die im gemeinschaftlichen Gesichtsfelde in der oft besprochenen Weise mit einander combinirt werden sollen,

ein gewisses Maass überschreitet, so verliert das Bild an Reinheit und Bestimmtheit, indem die seitlichen Augenbewegungen gleichsam der Empfindung zu Hülfe kommen. Man ist nicht länger

(Fig. 41.)

wie bei Fig. 31 gezwungen, die Linien in der Weise zu combiniren, dass die Linie 1 mit der Linie 3 und die Linie 2 mit der Linie 4 zur Deckung kommt, sondern es sind mehrere Augen-

(Fig. 42.)

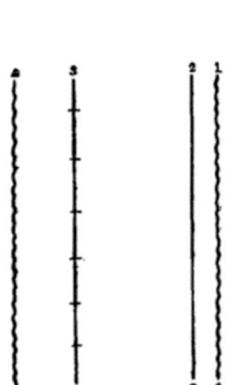

stellungen bei der Combination möglich, wodurch das im gemeinschaftlichen Gesichtsfelde erscheinende Bild wesentlich verändert wird. Es sind dann nämlich 4 Fälle zu unterscheiden:

a) Die äussere der engen Linien kommt mit der äusseren der weiten Linien zur Deckung. Dieser Fall tritt am leichtesten dann ein, wenn die Linien des Feldes A und des Feldes B (Fig. 42) einander bedeutend über das der natürlichen Augenstellung entsprechende Maass genähert sind; es ist aber dennoch schwierig, diese Stellung festzuhalten, wenn man nicht die Linien, welche zur Deckung gebracht werden sollen, in gleicher Weise auszeichnet, etwa wie in unserer Figur. Es erscheint dann die aus 1 und 4 combinirte Linie im Sammelbilde **immer weiter entfernt**, als die beiden anderen Linien; über die Lage der Linien 2 und 3 zu einander fallen die Urtheile unsicherer aus, ebenso wie über ihre grössere oder geringere Entfernung von der combinirten Linie; denn es erscheint ihre Lage **entweder wie in** Fig. 43 *I* angedeutet ist, so nämlich, dass die Linie 3 am weitesten vorgerückt erscheint, oder wie in Fig. 43 *II*.

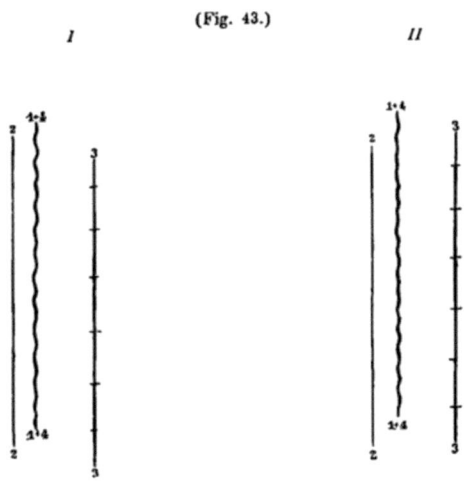

(Fig. 43.)

b) Die innere der engen Linien (2) wird mit der inneren der weiten Linien (3) zur Deckung gebracht. Dies gelingt am besten, und fast nur, bei einer Entfernung der Linien des Feldes A von den Linien des Feldes B, welche diejenige übertrifft, die der natürlichen Augenstellung entspricht, also bei Anwendungen des Linsenstereoskops etwa bei Abständen von 6½ bis 8 Centimeter. Es wird auch dieser Versuch durch eine gleichmässige Auszeichnung der Linien 2 und 3 z. B. durch Wellenform der Contouren, wie etwa in Fig. 44, wesentlich erleichtert. In diesem Falle erscheint die durch Deckung combinirte Linie (2 + 3) immer ganz entschieden vor den beiden anderen im gemeinschaftlichen Gesichtsfelde liegenden Linien. Die relative Lage der beiden anderen Linien kann auf zweierlei Weise erscheinen, entweder wie in Fig. 45 *I*, wo die Linie 4 weiter vorgerückt erscheint, als die Linie 1, oder wie in Fig. 45 *II*, wo sie unter allen Linien am weitesten entfernt zu sein scheint. Man muss indess entweder auf die eine oder die andere Weise sehen; bei mir ist die Ungleichheit des Accommodationsvermögens meiner beiden Augen in der Weise bestimmend, dass mir diejenige der Linien 1 oder 4 am weitesten entfernt zu sein scheint, die ich meinem mehr kurzsichtigen rechten Auge darbiete.

c) Die äussere der engen Linien (1) wird mit der inneren der weiten Linien (3) zur Deckung gebracht. Hierzu kann Fig. 46 dienen. Dieser Fall tritt bei mir gewöhnlich ein,

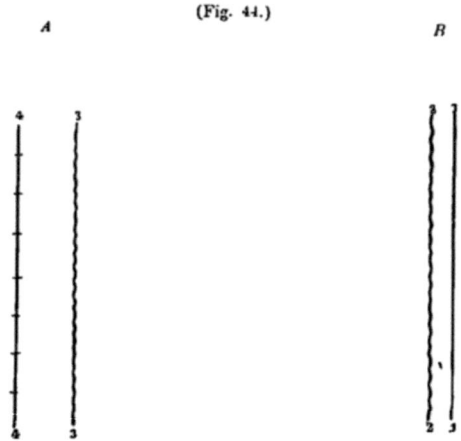
(Fig. 44.)

wenn die Linien der Seite A bei Anwendung des Linsenstereoskops etwa 6 Centimeter von den Linien der Seite B, also der natürlichen Augenstellung entsprechend, entfernt sind. Die schein-

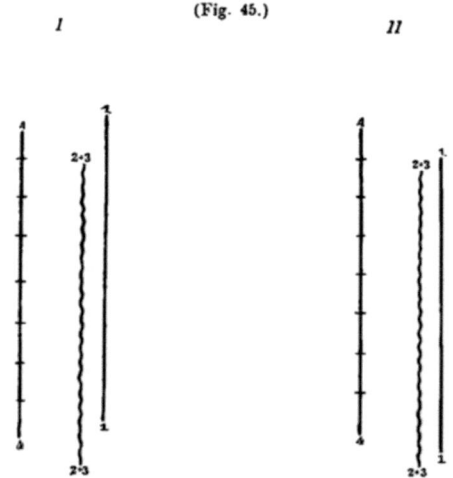
(Fig. 45.)

bare Entfernung der durch Deckung im gemeinschaftlichen Gesichtsfelde hervorgebrachten Linie (1 + 3, Fig. 47) scheint dann immer denselben Ort zu behaupten. Ueber die relative

Lage der beiden anderen Linien unter einander, und zu der durch Deckung entstandenen Linie, urtheilt man aber verschieden, doch immer so, dass entweder die durch Deckung hervorgebrachte

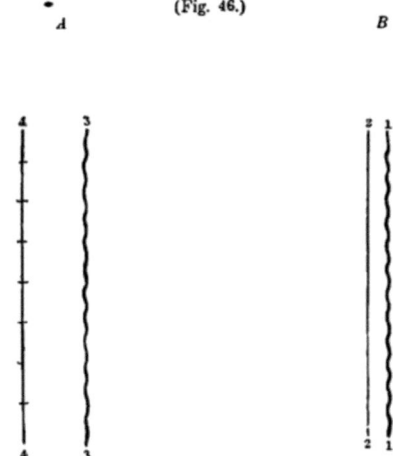

(Fig. 46.)

Linie am weitesten nach vorn, ihr zunächst die Linie 2, und am entferntesten die Linie 4 erscheint, wie in Fig. 47 *I*, oder so, dass die Linie 2 am weitesten nach vorn, die combinirte

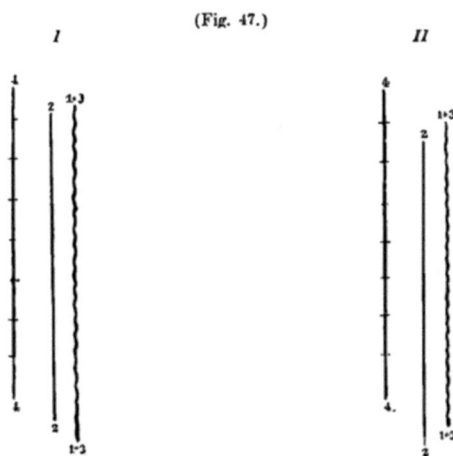

(Fig. 47.)

Linie in mittlerer Entfernung, und die Linie 4 am weitesten nach hinten erscheint, wie in Fig. 47 *II*. Den einen oder den anderen Eindruck erhalte ich, je nachdem ich die Linie 2 oder die Linie 4 (Fig. 47) meinem mehr kurzsichtigen rechten Auge darbiete.

d) Die innere der engen Linien (2, Fig. 46) wird mit der äusseren der weiten Linien (4) combinirt. Dieser Fall tritt leicht unter denselben Verhältnissen ein, unter welchen die Combination c (S. 70) beobachtet wird (Fig. 46), und man kann bei einiger Uebung leicht willkürlich die Augen für den einen oder anderen Fall einstellen. Auch hier sind zwei verschiedene Sammelbilder möglich, und das Eintreten des einen oder anderen ist bei mir von denselben Verhältnissen bedingt, wie in den vorigen Fällen. Entweder nämlich erscheint die combinirte Linie im gemeinschaftlichen Gesichtsfelde am weitesten entfernt zu sein, dann folgt die Linie 1 und am meisten vorgerückt erscheint 3 wie Fig. 48 *I*, oder die combinirte Linie scheint ein wenig vor der Linie 1, aber entschieden entfernter als die Linie 3 zu liegen (Fig. 48 *II*). Die zur Deckung gebrachte oder

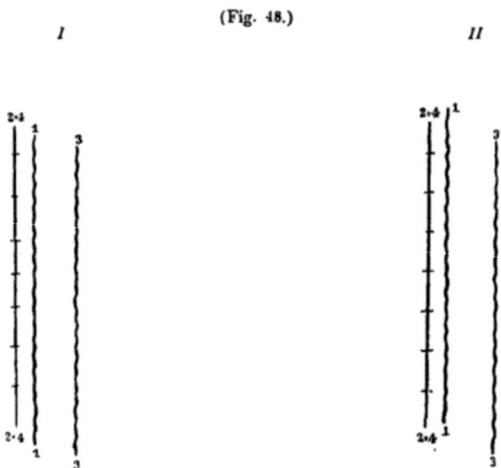

(Fig. 48.)

combinirte Linie des gemeinschaftlichen Gesichtsfeldes kann mithin sowohl vor als hinter den anderen Linien zu liegen scheinen. Es ist also die gegenseitige scheinbare Deckung oder Combination zweier Linien des einen Gesichtsfeldes mit zwei entsprechenden, aber ungleich weit von einander entfernten Linien des anderen Gesichtsfeldes, nicht nothwendige Bedingung für die Empfindung der Tiefe.

Als allgemeine Regel können wir aber den Satz aufstellen, dass die durch Combination entstandene Linie vorgerückt erscheint, wenn der Abstand ihrer Componenten von einander geringer ist, als der Abstand der beiden anderen Linien von einander, und dass sie hingegen nach hinten zurück versetzt zu sein scheint, wenn der Abstand der beiden anderen Linien von einander geringer ist, als der Abstand der zur gegenseitigen Deckung gebrachten Linien.

Auch bei Vereinigung solcher Doppellinien, deren Abstände nur um eine geringe Grösse von einander abweichen, wie in Fig. 31, gilt derselbe Satz, dass diejenige Linie, welche aus den zwei einander näheren Linien combinirt wird, im gemeinschaftlichen Gesichtsfelde vorn, diejenige, welche aus den zwei von einander entfernteren Linien zusammengesetzt ist, hinten erscheint; denn die äussere der engen Linien 1 (siehe Fig. 31) ist der inneren der weiten Linien (3) natürlich nothwendig näher, als die innere der engen Linien (2) der äusseren der weiten Linien (4).

Ich sagte oben, dass in den soeben (S. 68 bis 72) besprochenen Fällen, die Augenbewegungen der eigenthümlichen Empfindung der Tiefe beim Sehen mit zwei Augen zu Hülfe kämen. Indem man nämlich die angeführten Augenstellungen verändert, erhält man einen besonders starken Eindruck von der Lagerung der Linien des Sammelbildes vor und hinter einander. Besonders lebhaft wird dieser Eindruck, wenn man sich seitlich verschiebbare stereoskopische Objecte anfertigt, wie ich sie zuerst bei Prof. Karsten sah, oder wenn man, bei Anwendung meines, in der Einleitung beschriebenen Apparats, die Convergenz der Röhren ändert, während man z. B. in den vorderen Oeffnungen derselben angebrachte Nadeln fixirt. Dass jedoch die specifisch binoculäre Empfindung der Tiefe, die ja, wie wir sahen, auch bei der momentanen Beleuchtung durch den elektrischen Funken wahrgenommen wird, selbst in diesen Fällen nicht zunächst von den Augenbewegungen abhängt, geht schon daraus hervor, dass man die Lagerung der Linien vor und hinter einander auch dann empfindet, wenn dieselben ihre respective Lage im Sammelbilde unverändert behaupten. Die Hülfe, welche die Augenbewegungen dabei leisten, besteht offenbar nur darin, dass sie eine Vergleichung der verschiedenen, auf die Dimension der Tiefe bezüglichen Empfindungen, die bei verschiedenen Augenstellungen vorhanden sind, durch die unmittelbare Aufeinanderfolge erleichtern.

Anmerkung. Die Erscheinungen, die sich beim Experimentiren mit Kreisen oder überhaupt mit in sich geschlossenen, Flächen umschreibenden Contouren darbieten, sind zum Theil so überraschend, dass ihre Analogie mit den vorhergehenden einer besonderen Besprechung bedarf.

Betrachtet man das schon oben in Fig. 33 angeführte Object, in welchem zwei an Grösse ein wenig verschiedene Kreise in zwei andere, unter sich gleich grosse Kreise eingetragen sind, so sieht man

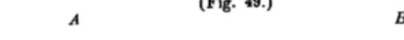
(Fig. 49.)

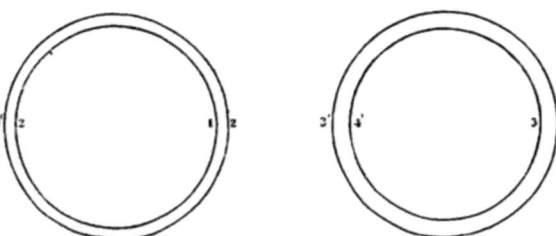

in vollkommen zwingender Weise im gemeinschaftlichen Gesichtsfelde den inneren Kreis so gegen den äusseren gedreht, dass an der Seite der zwei Kreise mit dem weiteren Zwischenraum (B), der kleinere Kreis vor dem grösseren liegt, während an der anderen, A entsprechenden Seite des Sammelbildes der Rand des kleineren Kreises hinter dem grösseren zu liegen scheint. Diese Erscheinung entspricht ganz dem obigen Satze, dem zufolge diejenige Linie, welche aus den zwei einander näher liegenden Linien combinirt wird, im gemeinschaftlichen Gesichtsfelde vorn, diejenige aber, welche aus den zwei von einander entfernteren Linien zusammengesetzt wird, hinten erscheint. Denn in Fig. 49 sind die Kreistheile 1 und 3 einander näher, als die Kreistheile 2 und 4. Bei ihrer Combination muss also der aus 1 + 3 combinirte innere Kreistheil im gemeinschaftlichen Gesichtsfelde vorn, der aus 2 + 4 entstandene äussere Kreistheil aber hinten erscheinen. Auf der anderen Seite des Kreises gehören aber die einander näher liegenden Kreistheile 1' und 3' dem äusseren, die von einander entfernteren 2' und 4' dem inneren Kreise an, und an der anderen Seite muss demgemäss der aus 1' + 3' combinirte äussere Kreistheil im gemeinschaftlichen Gesichtsfelde vorn, der aus 2' + 4' zusammengesetzte Theil des inneren Kreises hinten erscheinen, Alles ganz entsprechend den bei Fig. 31 oder Fig. 49 beobachteten Erscheinungen. Auch dass oben und unten beide Kreise in einer Ebene zu liegen scheinen, entspricht vollkommen der oben mitgetheilten Erfahrung, dass horizontale Linien, die ungleich weit von einander entfernt sind, keine Empfindung der Tiefe geben, sondern in der Ebene des Papiers bleiben, und der Umstand, dass schräge Linien diese Empfindung in schwächerem Grade vermitteln als senkrechte, erklärt den allmäligen Uebergang der Tiefenempfindung, wodurch die Kreise in ihrem ganzen Umfange gegen einander gedreht erscheinen.

Nach dieser Erörterung bedürfen die an den complicirteren Objecten Fig. 34 und Fig. 35 wahrzunehmenden Tiefenerscheinungen kaum einer weiteren Erklärung. In Fig. 34 erscheint nämlich der zweite Kreis (von aussen gerechnet) im ersten so gedreht, dass er an der rechten Seite vor, an der linken hinter der Ebene des ersten Kreises liegt; der vierte Kreis ist hingegen, im Verhältniss zum dritten, im entgegengesetzten Sinne gedreht. In Fig. 35 sieht man im gemeinschaftlichen Gesichtsfelde 4 reine Linien, von denen die zwei mittleren hinten, die zwei äusseren vorn liegen — Alles in Uebereinstimmung mit obiger Regel.

Auch folgender Fall findet im Vorhergehenden seine Erklärung. Bringt man (Fig. 50) auf der einen

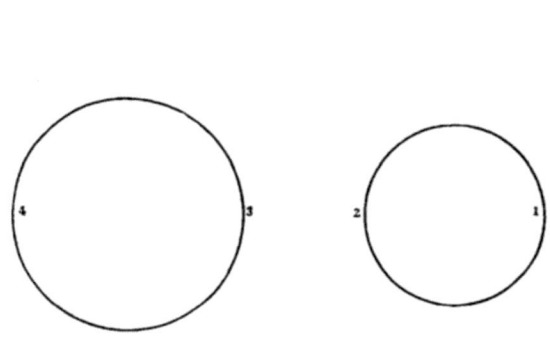

(Fig. 50.)

Seite (A) einen grösseren, auf der anderen Seite (B) einen kleineren Kreis an, dessen Durchmesser wenigstens 4 Millimeter geringer ist, so kann man bei binoculärer Betrachtung den kleineren Kreis nicht leicht in der Mitte des grösseren Kreises halten, weil die einander entsprechenden, der senkrechten Richtung sich nähernden Kreisabschnitte als dominirende Linien eine Einstellung der Augenachsen gebieten, durch welche die Peripherien auf der einen oder anderen Seite mit einander in Berührung und zur theilweisen Deckung kommen. Ist der Abstand der Centra bedeutend geringer als derjenige, der der natürlichen Augenstellung entspricht, so entsteht im gemeinschaftlichen Gesichtsfelde eine Lagerung der Kreise, wie etwa in Fig. 51. Es scheint dann der mit dem grösseren peripherisch verbundene kleinere Kreis nicht in einer Ebene mit dem grossen Kreise zu liegen, sondern gegen denselben und gegen den Beobachter eine schräge Stellung einzunehmen. Der freie Rand des grossen Kreises liegt nämlich dem Beobachter näher als der andere, mit dem kleineren Kreise verbundene Rand; beide Kreise aber scheinen sich an der Berührungsstelle mit ihren Ebenen zu kreuzen, während der freie Rand des kleinen Kreises entweder vor oder hinter der Ebene des grossen Kreises zu liegen scheint. Ob das Eine oder das Andere wahrgenommen wird, ist bei mir davon abhängig, ob ich den kleinen Kreis dem fernsichtigen linken oder dem kurzsichtigen rechten Auge darbiete. Dieser Fall ist also ganz mit dem S. 72 angeführten Falle d) analog, indem die Seite 2 des kleinen Kreises mit der Seite 4 des grossen Kreises zur Deckung gebracht wird, wie dort die senkrechten Linien 2 und 4, die bezüglich ihrer Lage jenen völlig entsprechen, und die man

(Fig. 51.)   (Fig. 52.)

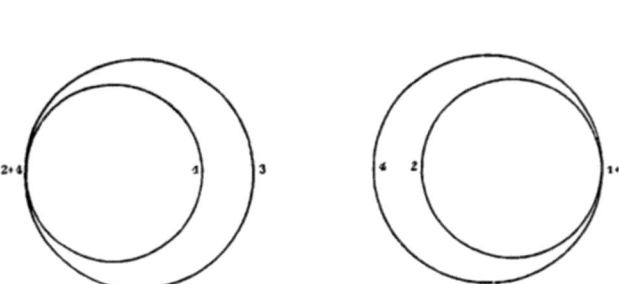

ja, wenn man will, als Kreise von unendlich grossen Radien betrachten kann. Ist der Abstand der Centra hingegen bedeutend grösser, als derjenige, welcher der natürlichen Augenstellung entspricht, so entsteht im gemeinschaftlichen Gesichtsfelde eine Lagerung wie in Figur 52. Dann scheint der Abschnitt 4 des grösseren Kreises am weitesten entfernt zu sein; der aus den Kreisabschnitten 1 + 3 im gemeinschaftlichen Gesichtsfelde entstandene Abschnitt erscheint aber entweder etwas vor oder etwas hinter dem freien Rande 2 des kleinen Kreises, je nachdem der kleine Kreis dem fernsichtigen oder dem kurzsichtigen Auge dargeboten wird. Der Fall ist also genau wie oben Seite 70 unter c) angegeben wurde. Bei Abständen der Centra, welche der natürlichen Augenstellung nahezu entsprechen, kann man abwechselnd die eine und die andere Lagerungsweise der Kreise willkürlich erzielen, aber schwierig so festhalten, dass man über die Verhältnisse der Entfernung ein bestimmtes Urtheil gewinnen kann.

§. 2.

Wenn man, in der von Wheatstone angegebenen Weise, zwei Kreise, deren Durchmesser um 1 bis 3 Millimeter verschieden sind, durch binoculäres Sehen vereinigt, so ist im Sammelbilde durchaus Nichts von der Dimension der Tiefe wahrzunehmen, indem der einfach gesehene Kreis in der Ebene des Papiers zu liegen scheint. Schon diese Wahrnehmung zeigt, dass der eigenthümliche Effect der Tiefe beim Sehen mit zwei Augen nicht ohne Weiteres durch die scheinbare gegenseitige Deckung ungleich weit von einander entfernter senkrechter oder schräger Linien entsteht. Die im vorigen Paragraphen unter 4 angeführten Thatsachen zeigen ferner, dass diese Wirkung nicht etwa dadurch hervorgebracht wird, dass diejenige Linie, welche durch combinirende Deckung entstanden ist, mittelst ihrer Verstärkung in den Vordergrund tritt. Denn wir haben gesehen, dass die combinirte Linie ebensowohl hinter als vor den anderen Linien erscheinen kann. Wir sahen, dass vielmehr nur die gegenseitigen seitlichen Abstände der Linien hierbei den Ausschlag geben. In dieser Beziehung sind aber folgende Beobachtungen noch entscheidender, und sie erscheinen uns von besonderer Wichtigkeit, weil sie gleichsam den Schlüssel zur Erklärung der eigenthümlichen binoculären Wahrnehmung der Tiefe enthalten.

Wenn man, statt jederseits 2 Linien von gleicher Form und Richtung, aber ungleicher Entfernung von einander, wie in den bisherigen Versuchen anzubringen, nur auf der einen Seite 2 solche Linien, auf der anderen aber eine entsprechende einfache Linie anbringt, so kann man, sowohl bei Anwendung einander näher, als von einander entfernter Doppellinien, eine Deckung der einen Linie mit der einen oder anderen der Doppellinien erzielen, wenn man, in ähnlicher Weise wie in Fig. 5, die einfache Linie verschiebbar macht. Achtet man hierbei auf den Effect, bezüglich der scheinbaren gegenseitigen Lage der 2 dabei im gemeinschaftlichen Gesichtsfelde wahrnehmbaren Linien, so stellt sich Folgendes heraus:

a) Wenn man, wie in Fig. 53, eine einfache Linie (c) des einen Gesichtsfeldes mit einer

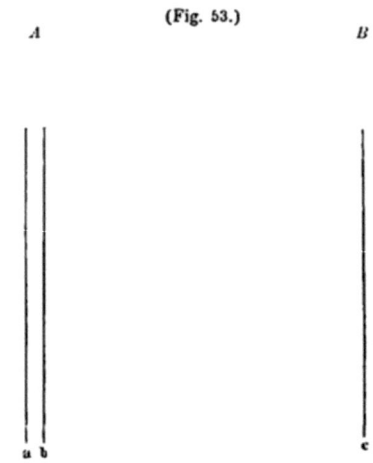

(Fig. 53.)

von 2 anderen, einander nahe liegenden Linien (a oder b) des anderen Gesichtsfeldes zur Deckung bringt, so erscheint unter allen Umständen die der Linie b entsprechende, im gemeinschaftlichen Gesichtsfelde wahrnehmbare Linie vor der anderen, welche der Linie a entspricht. Es ist hierbei ganz gleichgültig, ob die einfache Linie c im gemeinschaftlichen Gesichtsfelde mit der Linie b oder a zur Deckung gebracht ist, was durch Verschieben derselben beliebig erzielt werden kann. Der einzige Effect, der durch diese Deckung hervorgebracht wird, ist eine grössere Helligkeit der aus zwei Componenten bestehenden Linie. Im Uebrigen kann man sich durch abwechselndes Schliessen des einen und des anderen Auges, wie oben S. 57, ziemlich leicht überzeugen, welche der Linien a oder b mit c zur Deckung gebracht ist, wenn man dabei unverwandten Blickes hineinsieht und den scheinbaren Ort vergleicht; diejenige der Linien a oder b, welche im gemeinschaftlichen Bilde denselben Ort mit der Linie c einnimmt, ist die zur Deckung gebrachte.

b) Derselbe Effect tritt ein, ist aber weniger deutlich, wenn die Entfernung der Doppellinien grösser ist, während auf der anderen Seite eine einfache, verschiebbare, jeder von jenen rücksichtlich der Form und Lage entsprechende Linie angebracht ist. Unter allen Umständen erscheint diejenige der Doppellinien, welche in Wirklichkeit der einfachen Linie am nächsten ist, weiter nach vorn, als die andere, gleichgültig ob die einzelne Linie mit der einen oder der anderen der Doppellinien zur Deckung gebracht wird.

c) Wenn man, statt der einander nahen senkrechten Linien, jederseits einen gleich grossen Kreis anbringt, und auf der einen Seite in diesem einen nur wenig kleineren Kreis zieht, so erhält man im Sammelbilde des gemeinschaftlichen Gesichtsfeldes ganz denselben Effect, als wenn, wie in Fig. 49, auch in A ein kleinerer Kreis von etwas abweichender Grösse gezogen wäre. Bei Betrachtung von Fig. 54 A und B sieht man nämlich im gemeinschaftlichen Gesichtsfelde ganz entschieden den kleineren Kreis im grossen in der Weise gedreht, dass der Kreistheil b desselben vor den Kreistheil, der aus $a + c$ combinirt ist, der Kreistheil a' des kleinen Kreises aber hinter dem aus $b' + c'$ combinirten grösseren Kreisabschnitte liegt. Es ist die voll-

(Fig. 54.)

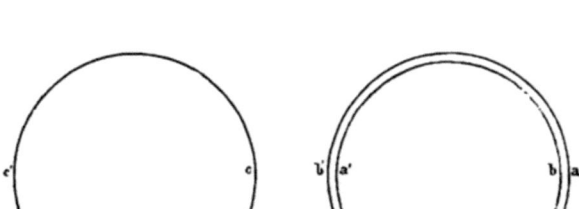

kommene Analogie dieses Falles mit dem Falle a, von selbst einleuchtend; denn von den Kreisabschnitten a und b ist b dem Kreisabschnitte c am nächsten, auf der anderen Seite aber ist b' näher bei c' als a'.

Ganz derselbe Effect bezüglich der Dimension der Tiefe wird wahrgenommen, wenn, wie oben, jederseits ein gleich grosser, und in demselben ein kleinerer Kreis auf einer oder auf beiden Seiten angebracht ist, oder wenn jederseits ein gleich grosser und um denselben auf der einen oder beiden Seiten ein etwas grösserer Kreis gezogen ist, oder wenn auf jeder Seite 2 Kreise angebracht sind, deren Durchmesser von beiden Kreisen der anderen Seite ein wenig verschieden sind.

Macht man, bei sonst gleicher Figur, den inneren Kreis $a'b$ bedeutend kleiner, als den äusseren, so wird dadurch die Wahrnehmung der Tiefenverhältnisse im Sammelbilde so undeutlich, dass man sich kaum zu einem bestimmten Urtheil entschliessen kann.

§. 3.

Alle diese, auf die Empfindung der Tiefe im Raume sich beziehenden Erscheinungen dürften mit der zwischen jeder Netzhautstelle und dem äusseren Raume factisch bestehenden

Relation im genauesten Zusammenhange stehen. Diese Beziehung ist bekanntlich der Art, dass die Erregung einer Netzhautstelle auf eine gerade Linie bezogen wird, die in den Raum ins Unendliche hinaus verläuft. Für diese Linien kann man den üblichen Namen: „Projectionslinien" gern beibehalten. Es hat vor Allen Czermak in neuerer Zeit diese Relation der Netzhautpunkte zum äusseren Raum nach der Richtung der Projectionslinien, die sich in jedem Auge schon vor dem Austritt aus demselben kreuzen, in eindringlicher Weise hervorgehoben, und gezeigt, dass die Richtung der Projectionslinien von der Richtung der objectiven Lichtstrahlen unabhängig ist. Helmholz hat bezüglich derselben nachgewiesen, dass der Kreuzungspunkt für sämmtliche Projectionslinien im Mittelpunkt der Pupille liegt, und nicht in den Knotenpunkten des Auges. Geht man nun von dieser Beziehung der einzelnen Netzhautpunkte zu den Linien, welche von diesen Punkten durch den Mittelpunkt der Pupille in den unendlichen Raum hinaus verlaufen, aus, so ist es klar, dass beim Sehen mit einem Auge 2 Projectionslinien draussen im Raum niemals in einen Punkt zusammentreffen können, da sie vom Mittelpunkte der Pupille aus divergiren. Beim Sehen mit zwei nach vorn gerichteten Augen muss sich aber jede in einer Ebene liegende Projectionslinie mit fast sämmtlichen anderen, in derselben Ebene gelegenen Projectionslinien des anderen Auges kreuzen, und zwar bei bestimmter Augenstellung mit jeder nur einmal, und an einem bezüglich der Tiefe bestimmten Punkte des äusseren Raumes.

Indem wir nun die Frage verfolgen, ob die Kreuzungsstellen der den Bildpunkten entsprechenden Projectionslinien den scheinbaren Ort dieser Bildpunkte im gemeinschaftlichen Gesichtsfelde bestimmen, wollen wir zunächst von den möglichst einfachen Fällen ausgehen, die oben (S. 76) zur Sprache kamen, wo nämlich eine Linie (oder ein Punkt) des einen, mit zwei entsprechenden Linien (oder Punkten) des anderen Gesichtsfeldes zusammen binoculär betrachtet wird. Die für diese Fälle erfahrungsmässig festgestellte Regel lautete, dass diejenige der Doppellinien, welche der einfachen Linie zunächst liegt, im gemeinschaftlichen Gesichtsfelde immer **vorn**, diejenige, die von ihr entfernter ist, weiter **nach hinten** zu liegen scheint. Führen wir nun die den 3 Bildpunkten entsprechenden Projectionslinien fort, bis sie sich kreuzen, und sehen, der einfacheren Construction halber, von der geringen Verschiebung ab, welche dadurch entsteht, dass die Richtung der durch den Mittelpunkt der Pupille hinaustretenden Projectionslinien der Richtung der durch die Knotenpunkte gehenden Richtungsstrahlen der Strahlenkegel nicht genau entsprechen, so ergibt sich Figur 55.

Nimmt man an, dass die Augen A und B, für den Punkt a eingestellt, ein Bild CD betrachten, worin der Bildpunkt 1 nur dem einen, 2 und 3 aber dem anderen Auge sichtbar ist, so müssen die Bildpunkte 1 und 3 im gemeinschaftlichen Gesichtsfelde einfach (oder zur Deckung gebracht) erscheinen, indem $1'$ und $3'$ correspondirende oder identische Netzhautpunkte sind. Die Projectionslinie des Punktes $3'$ im Netzhautbilde des einen Auges kreuzt sich mit der Projectionslinie des Punktes $1'$ im Netzhautbilde des anderen Auges bei a, und die Projectionslinie des Punktes $2'$ im Netzhautbilde des Auges B kreuzt sich in b mit der Projectionslinie von $1'$. Es ergibt sich aus der Construction von selbst, dass die Kreuzungsstelle der Projectionslinie des einfachen Bildpunktes 1 mit derjenigen des demselben zunächst liegenden Bildpunktes 2, vor der Kreuzungsstelle der Projectionslinie des einfachen Bildpunktes 1 mit derjenigen des von demselben entfernteren Bildpunktes 3 liegen muss. **Die Kreuzungspunkte der Projectionslinien entsprechen hier somit der scheinbaren Lage der im gemeinschaftlichen Gesichtsfelde sichtbaren Bildpunkte.**

Führen wir nun dieselbe Construction bei Annahme von 4 Bildpunkten aus, von denen die beiden einander näheren, 1 und 2, dem Auge B, und die beiden von einander entfernteren, 3 und 4, dem Auge A angehören (Fig. 56).

Es sind dann zwei Fälle nach Obigem besonders zu unterscheiden. Im einen Falle ist die Differenz der Abstände so gering, dass im gemeinschaftlichen Gesichtsfelde nur 2 Bildpunkte

(Fig. 55.)

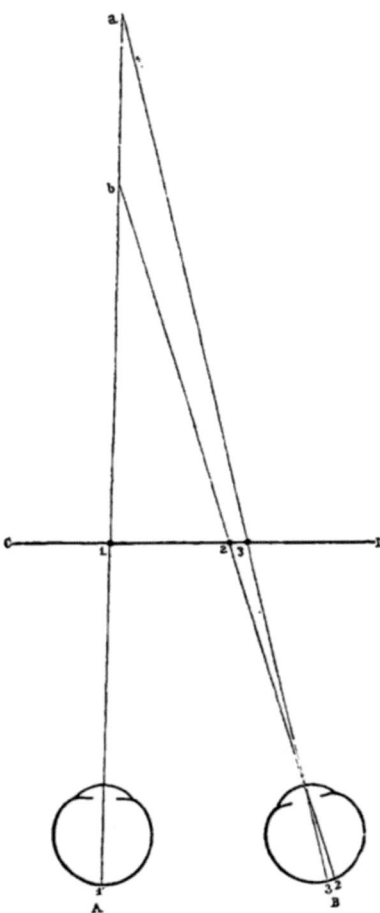

(oder Linien) ohne Nebenbilder sichtbar sind. Dann sind 1 und 3 einerseits, und 2 und 4 andererseits die zusammengehörigen Punkte. Der den ersteren entsprechende Kreuzungspunkt muss auf der rechten Seite dem Beobachter näher, in b, der den letzteren entsprechende Kreuzungspunkt aber links und weiter entfernt, in c, liegen. Gerade diese Lage zu einander nehmen, wie wir oben gesehen haben, die Sammelbilder von 1+3 und 2+4 im gemeinschaftlichen Gesichtsfelde ein. Die oben empirisch gefundene Regel, dass diejenige Linie, welche aus den zwei einander näheren Linien (der äusseren unter den engen und der inneren unter den weiteren Doppellinien) combinirt ist, im gemeinschaftlichen Gesichtsfelde vorn, diejenige Linie aber, welche

(Fig. 56.)

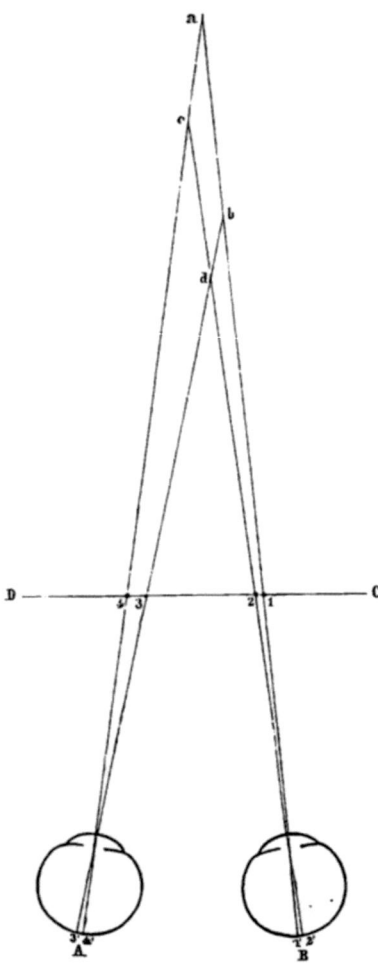

aus den zwei von einander entfernteren Linien (der inneren unter den engen und der äusseren unter den weiteren Doppellinien) hinten erscheint, entspricht somit ebenfalls der Annahme, dass die Kreuzungspunkte der durch die Bildobjecte gesetzten, zusammengehörigen Projectionslinien, die scheinbare Lage der im gemeinschaftlichen Gesichtsfelde combinirten Bilder bezüglich der Dimension der Tiefe bestimmen. Es ergiebt sich von selbst, dass, wenn der Abstand zwischen 1 und 2 dem Abstande zwischen 3 und 4 gleich gemacht wäre, auch die Kreuzungspunkte der Projectionslinien in b und c in eine mit dem Bilde CD parallele Ebene fallen würden, und dem entsprechend bleibt dann erfahrungsmässig der Effect einer verschiedenen Entfernung der Sammelbilder des gemeinschaftlichen Gesichtsfeldes aus.

Im anderen Falle ist die Differenz des Abstandes zwischen 1 und 2 so bedeutend geringer, als zwischen 3 und 4, dass 3 Bilder im gemeinschaftlichen Gesichtsfelde auftreten, wenn je 2 der 4 Bildpunkte auf identische Netzhautstellen gebracht werden. Wir sahen oben (S. 68 bis 72), dass hier 4 Fälle möglich sind, von denen auch die Construction in Fig. 56 Rechenschaft giebt. Bei Einstellung der Augenachsen für die Bildpunkte 1 und 3 fällt der Kreuzungspunkt der Projectionslinien der denselben entsprechenden Netzhautpunkte in b, bei Einstellung der Augenachsen für die Bildpunkte 1 und 4 fällt der entsprechende Kreuzungspunkt in a, bei Einstellung für 2 und 3 fällt er in d, und für 2 und 4 in c. Der für alle diese Fälle gültige, S. 72 aufgestellte Satz, dass die durch Combination entstandene Linie im Verhältniss zu den anderen Linien vorgerückt erscheint, wenn der Abstand ihrer Componenten von einander geringer ist, als der Abstand der beiden anderen Linien von einander, und dass sie hinter die anderen Linien zurückversetzt erscheint, wenn der Abstand ihrer Componenten von einander grösser ist, als der Abstand der beiden anderen Linien von einander, entspricht also vollkommen den in den 4 Einzelfällen gegebenen Lagen der Kreuzungspunkte bei der gegenwärtigen Construction. Wir finden somit für alle möglichen Fälle, dass der scheinbare Ort eines durch zwei zusammengehörige Componenten entstandenen Sammelbildes im gemeinschaftlichen Gesichtsfelde durch die Kreuzungspunkte der den Componenten entsprechenden Projectionslinien bestimmt wird.

Es gilt dieser Satz, wie wir gesehen haben, auch dann vollständig, wenn, bei unveränderter Augenstellung, zwei nicht ganz correspondirende Netzhautpunkte, von einander entsprechenden Contouren getroffen, im gemeinschaftlichen Gesichtsfelde ein einfaches Bild geben. Es sind mithin die Augenbewegungen nicht nothwendige Bedingung für die eigenthümliche Perception der Tiefe im Raume, die durch das binoculäre Sehen ermöglicht wird. Dies wird noch einleuchtender, wenn wir die relative Lage der anderen Linien berücksichtigen, welche bei grösseren Differenzen der Abstände zweier Linienpaare im gemeinschaftlichen Gesichtsfelde erscheinen. Freilich ist die gegenseitige Lage dieser Linien nicht so bestimmt und unzweifelhaft bezüglich der Dimension der Tiefe im gemeinschaftlichen Gesichtsfelde markirt, als wo zwei zusammengehörige Componenten vorhanden sind, dennoch ist aber eine Perception bezüglich ihrer Lage, namentlich vor oder hinter der aus zwei Componenten entstandenen Linie, aber auch bezüglich ihrer gegenseitigen Lage, selbst bei ganz ruhender Augenstellung unverkennbar, wie aus den oben (S. 68 bis 72) gemachten Mittheilungen hervorgeht. Auch über das Verhalten und die Lage des scheinbaren Orts dieser Linien im gemeinschaftlichen Gesichtsfelde giebt unsere gegenwärtige Construction (Fig. 56) Aufschluss:

Bei Richtung der Augenachsen auf d fallen nämlich die Bildpunkte 2 und 3 auf identische Netzhautpunkte, und der scheinbare Ort des durch sie vermittelten einfachen Bildes liegt, nach Obigem, im Kreuzungspunkte d. Die Projectionslinie von $1'$ kreuzt sich dann mit der von $3'$ in b, und mit der von $4'$ in a. Man kann nun wohl in Zweifel sein, ob der scheinbare Ort des Bildpunkts $1'$ im gemeinschaftlichen Gesichtsfelde in b oder a liegen wird; dass er aber hinter d liegt, darüber ist man nicht in Zweifel (vergl. S. 69, Fig. 44 und 45).

Ebenso kreuzt sich die Projectionslinie von 4' mit der von 2' in c, und mit der von 1' in a. Man kann demnach wohl zweifelhaft sein, ob der scheinbare Ort des Bildpunktes 4' im gemeinschaftlichen Gesichtsfelde in c oder in a liegt; dass er aber hinter d liegt, darüber darf kein Zweifel sein. Wir haben oben gesehen, dass der scheinbare Ort des Sammelbildes von 2+3 wirklich ganz entschieden vor den anderen Linien des gemeinschaftlichen Gesichtsfeldes liegt, und wenn (Fig. 45 I) der scheinbare Ort des Bildpunktes 1 weiter nach hinten zu liegen scheint, als der des Bildpunktes 4, so wird a der scheinbare Ort für 1 und c derjenige für 4 gewesen sein; erscheint hingegen der scheinbare Ort des Bildpunktes 4 als der entfernteste, so wird a der scheinbare Ort für 4, und b derjenige für 1 gewesen sein. Es ist schon oben bemerkt, dass entweder die eine oder die andere Perception eintreten kann, dass aber ein scheinbarer Ort bezüglich der Tiefe im Raume auch denjenigen Bildpunkten im gemeinschaftlichen Gesichtsfelde zukommt, die nicht aus zwei zusammengehörigen Componenten gebildet werden. Durch Umkehren der Bilder ändert sich für mich, wie gesagt, die scheinbare gegenseitige Lage der Bildpunkte, welche nicht zwei Componenten haben, und zwar so, dass mir mein rechtes mehr kurzsichtiges Auge immer die fernste, mein linkes mehr fernsichtiges Auge immer die nächste Kreuzungsstelle als scheinbaren Ort angiebt. Mit anderen Worten, es ist auch den nicht aus einander entsprechenden Componenten zusammengesetzten, sondern nur einem Auge angehörigen Bildpunkten, im gemeinschaftlichen Gesichtsfelde ein scheinbarer Ort bezüglich der relativen Tiefe im Raume angewiesen, und dieser scheinbare Ort ist entweder die eine oder die andere Kreuzungsstelle mit den Projectionslinien der einander entsprechenden Bildpunkte des anderen Auges. Es bildet also eine der Projectionslinien des anderen Auges gleichsam den Hintergrund, auf den der einfache Bildpunkt projicirt wird.

Geht man die drei anderen, S. 69 bis 72 angegebenen Combinationen a, c und d ebenso durch, so findet man, dass Fig. 56 in gleicher Weise über sie Rechenschaft giebt.

B. Rückblick und Zusammenstellung.

Der überraschende Effect der von Wheatstone zuerst ersonnenen stereoskopischen Bilder hat Manche eine Zeit lang zu der irrthümlichen Annahme verleitet, dass die Wahrnehmung der Tiefe oder des Körperlichen nur beim Sehen mit zwei Augen möglich sei. Dass man indess auch mit einem Auge die Dimension der Tiefe wahrnehmen, und Körper von flachen Gegenständen unterscheiden kann, haben wir schon oben anerkannt. Erfahrung und Urtheil, gestützt auf gewisse charakteristische, sinnliche Empfindungen, vermitteln hierbei die oben genannten Wahrnehmungen der Tiefe und des Körperlichen. Vermittelst des durch das Gesicht wahrgenommenen Verhältnisses der absoluten, relativen und scheinbaren Grösse, erhalten wir, unter Mitwirkung der bei der Erfahrung wirksamen geistigen Thätigkeiten, die Vorstellungen der Perspective. Vermittelst des durch das Gesicht wahrgenommenen verschiedenen Verhältnisses der Lichtstärke, der Farbe und des Schattens werden der Erfahrung Momente geboten, welche die perspectivischen Vorstellungen von der Tiefe und dem Körperlichen sehr wesentlich unterstützen. Ausser diesen Momenten, die den Gemälden ihren körperlichen Effect verleihen, kommt, wie ebenfalls oben erwähnt, noch hinzu, dass wir durch Bewegungen des Kopfes oder des Körpers im Stande sind, uns nach einander verschiedene Ansichten oder Netzhautbilder von dem betrachteten Gegenstande zu verschaffen, durch deren Vergleichung wir uns ein Urtheil über die Dimension der Tiefe im Gegenstande oder Raume bilden können, indem uns dabei die Erfahrung zu Hülfe kommt, der zufolge nähere Gegenstände ihre Lage zu den fernen um so mehr bei diesen Körperbewegungen zu ändern scheinen, je näher die Objecte uns sind. Endlich ist es denkbar und nicht gerade unwahrscheinlich, dass die Empfindung des Accommodationszustandes ein sinnliches Moment abgiebt, das erfahrungsmässig für die Wahrnehmung der Nähe oder Ferne eines scharf betrachteten Objectpunktes verwerthet werden kann. Bei der Wahrnehmung des Körperlichen oder der Tiefe mit einem Auge, ist der Einfluss der psychischen Thätigkeiten hierbei so mit der rein sinnlichen Empfindung zu einer Einheit verschmolzen, dass es oft schwer genug ist, darüber zu entscheiden, welcher Antheil der Sinnlichkeit oder der eigenthümlichen Erregungsweise der nervösen Elemente, und welcher Antheil der geistigen Thätigkeit dabei zukommt. Dies gilt z. B. von dem oben erwähnten Necker'schen Versuche, bei dem man die einfache Contourzeichnung eines Körpers gleichsam umkehren kann, und von dem Versuche mit einer Münze oder Gemme, deren Gepräge unter dem Mikroskop Einigen vertieft, Anderen erhaben erscheint. Wir haben diese Erscheinungen schon oben besprochen, und glaubten aus den dort näher erörterten Gründen (s. S. 7 bis 8) der Erklärung beitreten zu müssen, der zufolge diese Wahrnehmung hauptsächlich in der Phantasie oder der geistigen Auffassung begründet ist, wobei indess Urtheil und Erfahrung mit eingreifen, indem sie die durch Licht und Schatten, sowie durch die Lichtstärke bestimmten Sinneseindrücke in gewohnter Weise verwerthen. Ein Jeder muss dabei aber anerkennen, dass das sinnliche Moment, die eigenthümliche Empfindungsweise, die durch den Sehwinkel, durch Licht, Schatten und Lichtstärke gesetzt wird, die nothwendige Basis abgiebt, auf der die psychischen Thätigkeiten gleichsam weiter bauen.

Beim Sehen mit zwei Augen ist indess, wie es Jedem bekannt ist, seit Wheatstone darauf aufmerksam machte, die Wahrnehmung der Tiefe im Raume eine ganz eigenthümliche und specifische, von der sich Jemand, der nur mit einem Auge gesehen hat, ebensowenig eine Vorstellung machen kann, wie der Blinde von den Farben. Es fragt sich nun, worin diese specifische Wahrnehmungsweise der Tiefe und des Körperlichen beim Sehen mit zwei Augen begründet ist? welchen Antheil die Sinnlichkeit oder specifische Nervenenergie, und welchen Antheil die geistige Thätigkeit an derselben hat?

Wheatstone hatte eben nur die Thatsache, ohne weitere Erklärung oder Erörterung festgestellt; nur ganz unbestimmt schrieb er sie den psychischen Thätigkeiten zu. Brücke, dem es zunächst nur darauf ankam, die Theorie der identischen Punkte zu retten, erkannte richtig, dass die Psyche nicht unmittelbar, sondern nur durch Vermittelung der Sinnlichkeit zur Wahrnehmung des Körperlichen beim Sehen mit zwei Augen, sowohl als beim Sehen mit einem Auge befähigt sei. Insofern die Wahrnehmung des Körperlichen und der Tiefe beim Sehen mit zwei Augen als eine ganz eigenthümliche oder specifische anerkannt wurde, musste also auch eine besondere sinnliche Empfindungsweise für sie angenommen werden. Brücke glaubte diese einerseits in der Empfindung der Convergenzzustände der Augenachsen, andererseits in der Empfindung der Accommodationszustände zu finden, und ihm sind viele Andere gefolgt. Das Muskelgefühl sollte mit der Gesichtsempfindung gewissermaassen zu einer neuen, specifischen Empfindung verschmelzen, die dann, durch Vermittelung der Phantasie und Erfahrung, unser Urtheil über die Raumverhältnisse der Tiefe und des Körperlichen in einer solchen Weise bestimmte, dass wir den Antheil der Sinnlichkeit von dem der Psyche nicht mehr unterscheiden könnten. Schon Dove machte aber, wie oben erwähnt, dagegen die Bemerkung, dass das Muskelgefühl hier nicht in Mitwirkung kommen könne, weil man auch bei der momentanen Beleuchtung durch den elektrischen Funken stereoskopische Bilder körperlich sehen kann. Bei unseren Versuchen über die Doppelbilder (S. 52 u. fgde.)

fanden wir Dove's Angaben vollkommen bestätigt und seinen Einwurf begründet. Auch durch die später (S. 68 u. fgde.) mitgetheilten Thatsachen wurde diese Hypothese vom Einfluss des Muskelgefühls widerlegt. Denn die Empfindung der Tiefe ist bei den hier angeführten Objecten ganz entschieden vorhanden, während die Langsamkeit der Bewegungen oder selbst ein völlig ruhiges Weilen des Doppelbildes an seinem Orte (S. 53) die Hypothese vom schnellen, oscillirenden Durchlaufen der Horopter hinreichend widerlegt, und während Accommodationsveränderungen, bei der Lage beider Bilder in einer Ebene, ebensowenig in Betracht kommen können. — Von anderen Seiten her hat man angenommen, dass die schleierhaften Schatten der Nebenbilder die eigenthümliche Empfindung des Körperlichen oder der Tiefe im Raume vermitteln helfen. Aber wir haben oben gesehen, dass der körperliche Effect auch bei solchen Objecten in der allerentschiedensten Weise auftritt, welche im gemeinschaftlichen Gesichtsfelde ganz scharf und rein einheitlich gesehen werden, und wo die Neben- oder Doppelbilder gar nicht vorhanden sind. Indem wir im vorhergehenden Abschnitte die Bedingungen für die eigenthümliche Wahrnehmung des Körperlichen beim Sehen mit zwei Augen durchgingen, um dadurch zur Einsicht in den ursächlichen Zusammenhang der Erscheinung zu gelangen, kamen wir zu folgenden Resultaten:

1) Damit der genannte Effect eintrete, ist es nothwendig, dass diejenigen Linien oder Punkte beider Netzhautbilder, welche einander zur Hervorbringung des körperlichen Effects im gemeinschaftlichen Gesichtsfelde decken sollen, einigermaassen gleichlaufend, und auch bezüglich der Contouren und Farben einander einigermaassen ähnlich sind.

2) Es ist für denselben durchaus nothwendig, dass die zur Deckung gebrachten und die neben ihnen liegenden, zum Effect mitwirkenden Linien eine senkrechte oder schräge Stellung haben. Horizontale Linien bedingen an sich keinen körperlichen Effect, und wenn sie in Verbindung mit senkrechten oder schrägen Linien eine bestimmte Stellung in der Dimension der Tiefe einzunehmen scheinen, so ist dies nur von psychischen Einflüssen abhängig, indem man, anderweitigen Erfahrungen zufolge, geneigt, aber durch die Empfindungsweise selbst keineswegs gezwungen ist, dieselben mit den senkrechten oder schrägen Linien verbunden sich vorzustellen, denen sie an Stärke und in anderen Beziehungen am ähnlichsten sind.

3) Dagegen ist die relative Stärke der Contouren, welche vorn oder hinten erscheinen sollen, für den in Rede stehenden Effect gleichgültig, insofern senkrechte oder schräge Linien bei geeigneter Anordnung ebenso entschieden in den Vordergrund treten, wenn sie (gegen die Regeln der Zeichenkunst) schwach, als wenn sie stark sind, während sie bei anderer Anordnung ebensogut in den Hintergrund treten, wenn sie stark, als wenn sie schwach sind.

4) Es ist ferner zur Hervorbringung des besprochenen Effects nicht nöthig, dass jederseits zwei einander entsprechende Linien mit so geringer Differenz der Entfernung von einander angebracht sind, dass sie im gemeinschaftlichen Gesichtsfelde zu einem einheitlichen Bilde verschmelzen können. Denn auch bei grösseren Differenzen der Abstände, welche das Auftreten von Doppelbildern (wenigstens der einen Linie) bedingen, ordnen sich die Linien des Sammelbildes in der Dimension der Tiefe nach bestimmten Regeln. Ein bemerkenswerther Unterschied machte sich indess zwischen diesen beiden Fällen bemerkbar. Bei geringer Differenz der Abstände zweier Doppellinien ist nämlich nur eine einzige Augenstellung, und eine ganz bestimmte Lage der Linien des gemeinschaftlichen Gesichtsfeldes möglich, indem immer die aus der äusseren der engen und der inneren der weiten Doppellinien combinirte Linie vorn, die aus der inneren der engen und der äusseren der weiten Doppellinien zusammengesetzte Linie hinten erscheint. Das Sammelbild ist ferner vollkommen ruhig und bestimmt, so dass das Bild überhaupt deutlicher, und der Effect der Tiefe zwingender wird. Bei grösseren Diffe-

renzen der Abstände hingegen sind verschiedene Augenstellungen möglich, indem die Linien der beiden einzelnen Gesichtsfelder in verschiedener Weise combinirt werden können, wodurch, bezüglich der scheinbaren Lage der Linien nach der Dimension der Tiefe, verschiedene Bilder entstehen. Diese Verschiedenheiten lassen sich in den Satz zusammenfassen, dass die durch Combination entstandene Linie vorgerückt erscheint, wenn der Abstand ihrer Componenten von einander geringer ist, als der Abstand der beiden anderen Linien von einander, und dass sie hinter die andere Linie zurückversetzt erscheint, wenn der Abstand ihrer Componenten von einander grösser ist, als der Abstand der beiden anderen Linien von einander. Dieser Satz gilt ja übrigens auch für den Fall, wo die Differenz der Abstände so gering ist, dass ein reines, einheitliches, nicht mit Nebenbildern behaftetes Sammelbild entsteht; denn die äussere der engen Doppellinien ist nothwendig immer der inneren der weiten Doppellinien näher, als die innere der engen Doppellinien der äusseren der weiten. — Dieselben Regeln· gelten auch für Kreise oder andere in sich geschlossene Figuren, und die bei ihrer Combination entstehenden Erscheinungen lassen sich aus denselben ableiten oder auf dieselben zurückführen.

5) Es ist endlich für den in Rede stehenden eigenthümlichen Effect der Tiefe des Sammelbildes beim binoculären Sehen nicht nothwendig, dass jederseits wenigstens zwei einander entsprechende, aber ungleich weit von einander entfernte Contouren vorhanden sind, sondern es genügt, wenn auf der einen Seite eine einzige Linie mit einer von zweien Linien der anderen Seite combinirt wird. Dabei erscheint unter allen Umständen diejenige Linie im gemeinschaftlichen Gesichtsfelde vorn, die derjenigen unter den beiden Linien des einen Gesichtsfeldes entspricht, welche der einfachen Linie des anderen Gesichtsfeldes am nächsten ist; diejenige Linie, die von der einfachen Linie des anderen Gesichtsfeldes am weitesten entfernt ist, erscheint hingegen hinten. Es ist hierbei ganz gleichgültig, mit welcher der beiden Doppellinien die einfache Linie im gemeinschaftlichen Gesichtsfelde zur Deckung gebracht wird, so dass nicht etwa die durch Combination entstandene Linie mit Nothwendigkeit vorn erscheint.

Die möglichst einfachen Bedingungen für das Zustandekommen der eigenthümlichen Empfindung der Tiefe beim Sehen mit zwei Augen würden demnach sein, dass von wenigstens zwei senkrechten oder schrägen Linien des einen Gesichtsfeldes die eine mit einer einigermaassen gleichlaufenden, ähnlichen, senkrechten oder schrägen Linie des anderen Gesichtsfeldes im Sammelbilde des gemeinschaftlichen Gesichtsfeldes zur Deckung kommt.

Alle die angeführten Einzelfälle würden sich unter einen gemeinschaftlichen Gesichtspunkt bringen lassen, wenn man annähme, dass wir durch eine, dem binoculären Sehen immanente Empfindungsqualität befähigt wären, Ortsempfindungen von den Punkten zu erhalten, wo die den zusammengehörigen Contouren zukommenden Projectionslinien im äusseren Raume zusammenstossen. Eine auf diese Voraussetzung gegründete Construction giebt nämlich Rechenschaft über alle die Einzelfälle, die wir S. 68 u. fgde. kennen lernten. Diese Uebereinstimmung, sowie andere noch zu erwähnende Thatsachen, welche darzuthun scheinen, dass die sogenannte Projection beim Sehen eine angeborene Empfindungsqualität, und nicht angelernt ist, scheint uns zu berechtigen, anzunehmen, dass diese Erklärung nicht eine blosse Hypothese, sondern dass sie thatsächlich begründet ist. Wollte man aber diese eigenthümliche Empfindungsweise der Dimension der Tiefe, welche beim Sehen mit zwei Augen entsteht, der Bequemlichkeit halber mit einem besonderen Namen belegen, so könnte man sie die Empfindung der binoculären Parallaxe nennen. Eifrige Anhänger der psychischen Erklärungsweisen werden hiergegen vielleicht einwenden, dass die Erfahrung, wie überall beim

Sehen, so auch namentlich bezüglich der Wahrnehmung der Tiefe im Raume beim binoculären Sehen, unser Urtheil leite, und den Inhalt unserer Beobachtungen wesentlich bestimme. Da nun die Erfahrung aber ihre wesentliche Voraussetzung in den psychischen Thätigkeiten, Gedächtniss, Phantasie und Urtheil finde, so seien diese die eigentliche Ursache der Wahrnehmung der Tiefe. Sie dürften dabei aber doch nicht vergessen, dass die Erfahrung nicht nur durch die psychischen Thätigkeiten, sondern ebensowohl auch durch die sinnlichen Empfindungen bedingt ist. *Nihil est in intellectu quod non fuerit in sensu!* Ebensowenig wie der Blinde über Farben Erfahrungen machen kann, weil ihm die eigenthümliche und specifische sinnliche Empfindung, die dazu nöthig ist, abgeht, ebensowenig ist der Einäugige im Stande, Erfahrungen über diejenigen Wahrnehmungen der Tiefe zu machen, die wir, als dem binoculären Sehen eigenthümlich, im Vorhergehenden besprochen haben, unserer Meinung nach deshalb, weil ihm die eigenthümliche und specifische Sinnesenergie, die dazu nöthig ist, abgeht. Es können Manche, die nicht gewohnt sind, subjective Empfindungen analysirend zu beobachten, sich freilich, besonders bei Betrachtung complicirter Bilder, keine Rechenschaft darüber geben, welchen Antheil die Momente, die auch beim Sehen mit einem Auge in Betracht kommen, an der Wahrnehmung der Tiefe haben, und welcher Antheil dem Sehen mit zwei Augen zukommt. Auch solche Personen bemerken jedoch, dass die Gegenstände sich ganz anders von einander und vom Hintergrunde abheben oder detachiren, und sich mehr abrunden, als jemals in einem Gemälde, sowie auch kleine Kinder angeben, dass sie Puppen, nicht Bilder im Stereoskope sehen. Sollte Jemand aber noch daran zweifeln, dass hier eine specifische Empfindungsweise vorliegt, so kann er sich durch ein schon lange bekanntes, aber oft in Vergessenheit gerathenes, sehr einfaches Experiment leicht davon überzeugen. Er versuche nur beim Sehen mit einem Auge von der Seite her mit einer Nadel ein von einem Anderen vor ihm gehaltenes Schwefelhölzchen zu treffen, und er wird sich bald überzeugen, dass dies ihm nur selten einmal durch Zufall gelingt, und dass er auch durch noch so viel Uebung ausser Stande ist, sich diese Fertigkeit zu erwerben, welche Jeder beim Sehen mit zwei Augen schon ohne alle Uebung besitzt. Wie wir oben (S. 42 bis 51) zu dem Resultate kamen, dass die hier besprochenen Eigenthümlichkeiten des im gemeinschaftlichen Gesichtsfelde wahrnehmbaren Sammelbildes auf eine rein sinnliche Wechselwirkung der Erregungen der nervösen Elemente beider Netzhäute, und zwar im centralen Apparat des Sehens, im Hirn, zurückzuführen sind, und ebenso wie wir das einheitliche Verschmelzen der zwei Netzhautbilder auf diese Weise erklären mussten, ebenso glauben wir also auch die dem binoculären Sehen eigenthümliche Wahrnehmung der Tiefe auf eine solche Wechselwirkung der nervösen Elemente im centralen Gebiete des N. opticus beziehen zu müssen. Besonders aber, wenn wir die einfachen Bilder oder Bildelemente in der Weise, wie es im Vorhergehenden geschehen ist, binoculär betrachten, und dabei deutlich und bestimmt Verschiedenheiten bezüglich der Dimension der Tiefe wahrnehmen, so kann dieses, wie mir scheint, nur durch eine angeborene und specifische Empfindungsweise, die durch die gegenseitige Einwirkung der Erregungen durch die Contouren der beiden Netzhäute entsteht, vermittelt werden, nicht aber durch psychische Thätigkeiten, welche an diesen einfachen Contouren kein Object finden, bei welchem die eine Empfindungsweise bezüglich der Tiefe der anderen vorzuziehen wäre. Wenn die psychischen Thätigkeiten hier etwas vermöchten, so müsste es, bei dem Bewusstsein der Lage aller Contouren in einer Ebene, möglich sein, sie auch in einer Ebene zu sehen, dazu ist man aber, falls nur eine der Linien jeder Seite zur Deckung gekommen ist, gar nicht im Stande; man mag die Phantasie, die Aufmerksamkeit u. s. w. noch so sehr anstrengen, es ist nicht möglich, die Tiefenempfindung der binoculären Parallaxe zu beseitigen, wenn man sie erst kennen gelernt hat. In complicirten Zeichnungen, die jede für

— 87 —

sich genommen, perspectivisch richtig sind, und in denen Schatten u. s. w. der Vorstellung zu Hülfe kommt, kann man durch Umkehrung der Lage der Linien ganz unsinnige Resultate erzielen. In Fig. 57 z. B. schwebt mir das schräg hinter dem Thurme rechts gezeichnete Haus beim binoculären Sehen in der Luft vor dem Thurme und scheint am Telegraphendraht zu hängen; es ist dies von der Empfindung der binoculären Parallaxe abhängig, welche bei stereoskopischem Sehen eine eigenthümliche perspectivische Wirkung hervorbringt, die sich hier mit der monoculären Perspective der Maler im Widerspruch befindet, sich aber dennoch, und trotz des unsinnigen Effects, der dadurch entsteht, geltend macht. Beide Häuser sind nämlich im Bilde A weiter vom Thurme entfernt als im Bilde B, während der Abstand der Telegraphenstange von der vorderen Ecke des Thurmes im Bilde B grösser ist als im Bilde A.

(Fig. 57.)

A B

Wenn es uns aus den Thatsachen hervorzugehen scheint, dass hier eine ganz eigenthümliche und specifische Empfindungsweise vorliegt, die, durch das binoculäre Sehen vermittelt, im centralen Sehapparate des Hirns wurzelt, und welche Bedingung und Voraussetzung für die Erfahrungen ist, die wir mittelst des binoculären Sehens, mit Hülfe der geistigen Thätigkeiten, machen, und wenn ferner es aus dem oben (S. 78 u. fgde.) Angeführten hervorzugehen scheint, dass der scheinbare Ort einer binoculär combinirten Contour durch die Kreuzungsstellen der Projectionslinien bestimmt wird, so müssen wir consequenter Weise auch die Relation der einzelnen Netzhautpunkte zu ihren Projectionslinien als eine angeborene und specifische Empfindungsweise, nicht als etwas Angelerntes betrachten. Dass dieses aber der Wahrheit entspricht, lässt sich am Menschen freilich nicht leicht beweisen, da er, wenn er erst über solche Dinge nachdenken kann, längst verlernt hat, wie er zu dem Bewusstsein kam, dass die Gegenstände der Aussenwelt draussen liegen, und da er kurz nach seiner Geburt geistig so wenig entwickelt ist, dass man von ihm über seine Empfindungsweisen wenig erfahren kann. Doch sprechen die Erfahrungen, die man an Blindgeborenen gemacht hat, die, wie im berühmten Falle des Dr. Franz, plötzlich durch eine glückliche Operation sehend wurden, ebenso wie die, beziehungsweise zu den Netzhautbildern unverhältnissmässige scheinbare Grösse der Objecte, und wie die Beziehung der Netzhautbilder in gekreuzter Richtung, wodurch der Widerspruch des umgekehrten Netzhautbildes mit der Aussenwelt aufgehoben wird, ganz entschieden dafür, dass die Beziehung der einzelnen Netzhautpunkte auf ihre Projectionslinie nicht angelernt, sondern angeboren ist, dass sie nicht durch geistige Thätigkeit, sondern durch unmittelbare Sinnlichkeit, durch eine specifische Empfindungsweise vermittelt ist. Noch evidenter wird dies, wenn wir das Verhalten solcher Thiere berücksichtigen, deren geistiges Leben wir jedenfalls nur sehr gering anschlagen, und wahrscheinlich gleich Null betrachten können, und noch mehr, wenn wir das Verhalten solcher eben zur Welt gekommenen Thiere beobachten, die sogleich eine hinreichende Lebhaftigkeit und Beweglichkeit zeigen, um über ihre Empfindungsweise Aufschlüsse geben zu können. Ein vor weniger als 24 Stunden aus dem Ei gekrochenes Hühnchen, das im Dunkeln auskroch und bisher im Dunkeln verweilte, zeigt durch seine Bewegungen, z. B. wenn man darnach hascht, auf ganz unverkennbare Weise, dass es die durch die Dinge der Aussenwelt gesetzten Netzhautbilder ohne Weiteres, ohne alle Erfahrung auf die Aussenwelt bezieht.

Durch welche Anordnung und Qualität der Nervenelemente des centralen Opticusgebietes wir in den Stand gesetzt werden, in dieser specifischen Weise nach Richtung der Projectionslinien zu empfinden, und beim binoculären Sehen die Dimension der Tiefe mittelst einer Wechselwirkung der durch die Contouren beider Netzhautbilder hervorgebrachten Erregungen so zu empfinden, wie sie empfunden wird, darüber wissen wir aber eben so wenig, als z. B. über das Wesen der Farbenempfindung.

Schlusswort.

Aus den in dieser Arbeit besprochenen Thatsachen habe ich geglaubt, schliessen zu müssen, dass, die Ursache der eigenthümlichen Verschmelzung der verschiedenen Eindrücke, durch welche die beiden Netzhäute erregt werden, nicht in psychischen Thätigkeiten, sondern in der reinen Sinnlichkeit, in specifischen Empfindungsweisen des centralen Opticusgebietes im Hirn zu suchen ist. Wie hier die Empfindungsqualität von den somatischen Nervenelementen bedingt wird, und wie sie durch dieselben zu Stande kommt, wissen wir, wie gesagt, nicht. Wenn man daher über diesen Punkt hinausgeht, so bewegt man sich in Hypothesen, welche hier vorläufig nur den Vortheil gewähren können, der Vorstellung und dem Gedächtnisse zu Hülfe zu kommen. Ist man sich indess bewusst, dass es sich bei einem Versuche näherer Erörterung nicht um Wissen handelt, sondern um eine Hypothese, welche der Vorstellung zu Hülfe kommt und die Thatsachen zusammenhält, so kann es wohl erlaubt sein, einen etwas weiter gehenden Erklärungsversuch in aller Kürze zur Sprache zu bringen.

Die von älteren Physiologen vertheidigte, jetzt durch die psychischen Erklärungen verdrängte, sogenannte anatomische Hypothese zur Erklärung des Einfachsehens, scheint mir nämlich im Ganzen sehr gut den vorliegenden Thatsachen zu entsprechen. Zufolge dieser Hypothese wird bekanntlich angenommen, dass je zwei correspondirende Stellen der beiden Netzhäute einer empfindenden Stelle im Hirn entsprechen. Dabei erscheint es ziemlich unwesentlich, ob man annimmt, dass von jeder Licht empfindenden Stelle des Centralorgans sogleich zwei Nervenprimitivröhrchen abgehen, von denen eine zu einer bestimmten Stelle der Retina des einen Auges, die andere zur correspondirenden Stelle des anderen Auges tritt, oder ob man annimmt, dass von jeder Licht empfindenden Stelle im Hirn nur ein Nervenröhrchen nach dem Chiasma verläuft, um sich hier für je zwei correspondirende Punkte beider Augen zu theilen. Die histologische Untersuchung ist indess der ersteren Annahme günstiger. Ebenfalls bleibt es für die hier in Betracht kommenden Fragen gleichgültig, ob man im Chiasma eine totale und durchgehende Kreuzung der Nervenfasern in der Weise annehmen will, dass das Rechts und Oben im Hirnbilde dem Links und Unten in der Retina des Auges entspricht, und *vice versa*, wie man unnöthiger Weise hypothetisch angenommen hat, um das sogenannte Richtig- oder Aufrechtsehen zu erklären, oder ob man eine solche, durch die Thatsachen jedenfalls nicht gebotene Kreuzung nicht annehmen will.

Die mosaikartige Eintragung der verschiedenen, im Sammelbilde einander nicht berührenden Contouren der beiden Netzhautbilder, z. B. in Fig. 4 und 11, haben wir oben dadurch erklärt, dass Contouren die Netzhaut viel stärker reizen und erregen, als eine gleichmässige Grundfärbung. Bei gegenwärtiger Hypothese erklärt sich dann das Eintragen der Contouren auf Kosten der Grundfärbung in das gemeinschaftliche Gesichtsfeld von selbst.

Wir sahen ferner oben, dass eine Contour nicht nur die von ihr getroffenen Netzhauttheilchen im Sinne **ihrer** Färbung stark erregt, sondern dass auch die angrenzenden Netzhauttheilchen im Sinne der der Contour angrenzenden Grundfärbung stark erregt werden. Hält man neben diesem Verhalten, das wir oben ausführlich begründet haben, die gegenwärtige Hypothese fest, so erklären die S. 29 bis 38 besprochenen zahlreichen Thatsachen sich ohne Schwierigkeit.

Wenn im gemeinschaftlichen Gesichtsfelde eine Mischfarbe zweier Farben auftritt, deren zwei Componenten getrennt correspondirende Punkte des rechten und linken Auges trafen, so erklärt sich das durch die gleichzeitigen, qualitativ verschiedenen Erregungen, welche die entsprechenden Stellen der centralen Retina (*venia sit verbo*) treffen. Indem nämlich zwei qualitativ verschiedene Erregungszustände in diesen Punkten sich begegnen, ist es sehr wohl denkbar, dass eine Mischfarbe als Resultante derselben entsteht. Dies ist jedoch nicht, wie z. B. Funke meint, eine nothwendige Consequenz der Hypothese, sondern es wäre ebensowohl denkbar, dass der eine und der andere Erregungszustand abwechselnd in den empfindenden Hirnpunkten zur dominirenden Geltung gelangte, und Beides kommt, wie wir gesehen haben, vor, und zwar ist das Auftreten von Mischfarben, wenn man die feineren Nüancen nicht übersieht, wie es scheint, immer neben dem Alterniren wahrnehmbar. — Wenn ferner zwei ungleich verlaufende Contouren gleichzeitig die beiden Netzhäute erregen, und da, wo sie sich auf correspondirenden Netzhautstellen kreuzen, im Sammelbilde bald ein Theil der einen, bald ein Theil der anderen Contour verschwindet, so begreift sich auch Dieses bei gegenwärtiger Hypothese leicht, indem die den correspondirenden Netzhautstellen entsprechenden Punkte der centralen Retina gleichzeitig von den Contouren und von den ihnen anliegenden Grundfärbungen stark erregt werden. Als wesentlich verschiedene Erregungszustände können sie nicht gleichzeitig unverändert durch dieselben empfindenden Punkte percipirt werden, sondern wo eine Contour, mit der der anderen Contour anliegenden Grundfärbung gleichzeitig einwirkt, muss entweder die Contour durch die Grundfärbung, oder die Grundfärbung durch die Contour vollständig oder unvollständig verdrängt werden, so dass entweder die eine Contour scharf dasteht und die der anderen anliegende Grundfärbung unsichtbar macht, oder eine durch die der anderen anliegende Grundfärbung verwischte Contour bemerkbar wird. Ersteres entspricht dem Alterniren der Farben, Letzteres dem Auftreten von Mischfarben im gemeinschaftlichen Gesichtsfelde. Es dürfte überflüssig sein, für jeden einzelnen der Fälle, die oben S. 29 u. fgde. besprochen wurden, nachzuweisen, dass theils ein Verschmelzen der verschiedenen Erregungsweisen einander correspondirender Netzhautpunkte, zu einer Resultante am entsprechenden Orte der centralen Retina, theils aber ein abwechselndes Vorherrschen der einen' oder anderen Erregungsweise zur Erklärung ausreicht.

Will man aber noch weiter gehen, und fragen, wie es denn zugehe, dass die einer Contour anliegenden Theile der Grundfärbung mit grösserer Lebhaftigkeit im gemeinschaftlichen Gesichtsfelde empfunden werden, als in grösserer Entfernung von der Contour, oder dass, wie wir uns ausgedrückt haben, die einer Contour zunächst anliegende Grundfärbung die von ihr getroffenen Netzhautpunkte stärker erregt und dadurch mit in das gemeinschaftliche Gesichtsfeld eingetragen wird, so scheint die von Brücke für eine hieher gehörige Erscheinung gegebene Erklärung (S. 10) die Analogie sehr für sich zu haben. An den Grenzen der weissen Contouren in Fig. 18, könnte man nämlich auch sagen, sind die empfindenden Punkte weniger disponirt, zur Empfindung des Hellen erregt zu werden, und zwar deshalb, weil der Gegensatz gegen das ungetrübte Weiss der Contouren, das im gemeinschaftlichen Gesichtsfelde noch durch das Weiss des leeren Feldes A verstärkt wird, die Empfindung des Weiss aus der grauen Mischfarbe verdrängt und das Schwarz hier in ihr vorherrschen lässt. Wir bilden uns dies nicht etwa ein, und unser Urtheil bewirkt es nicht, sondern wir empfinden es wirklich so. Diese Erscheinung hat aber ein Analogon in einem ganz entsprechenden Verhalten der Hautempfindung, welche ja, wenngleich in anderer Weise, auch eine Empfindung des Räumlichen ermöglicht. Je höher die Temperatur ist, der ein Körpertheil ausgesetzt ist, desto kälter erscheint uns ein Stück Eis, das mit ihm in Berührung gebracht wird, und legt man ein Stück Eis auf die Haut, z. B. der Hand, und setzt dieselbe einer ziemlich hohen Temperatur aus, so erregt diese in der Hand, welche das Eis hält, brennenden Schmerz, während die andere Hand, ohne mit Eis gleichzeitig in Berührung zu sein, derselben Temperatur ausgesetzt, nur eine etwas lästige Wärme spürt. Wenn man nach einander verschiedene Reize einwirken lässt, so gilt es bekanntlich ganz allgemein für alle Empfindungsnerven, dass nicht die absolute Stärke des Reizes, sondern der Contrast gegen den vorhergehenden Erregungszustand, die Stärke der Empfindung bestimmt. Diesem Verhalten anderer Empfindungsnerven, namentlich der auch mit Raumsinn begabten Haut, scheint es nun ganz analog zu sein, dass wir z. B. im obigen Falle das Schwarz der grauen Mischfarbe da schwärzer oder relativ stärker empfinden, wo es neben dem reinen Weiss liegt.

Grösseren Schwierigkeiten begegnet man, wenn man auch die im 2ten und 3ten Capitel angezogenen Thatsachen durch diese Hypothese zu erklären versucht. Wenn wir es indess nach Obigem als Thatsache ansehen dürfen, dass wir einen jeden Netzhautpunkt, in Folge einer eigenthümlichen, angebornen Sinnesempfindung, nicht durch das Urtheil, auf die ihm entsprechende Projectionslinie beziehen, und dass die Art der Empfindung der Tiefe, welche dem binoculären Sehen eigen ist, durch die wirklich empfundene Beziehung der Projectionslinien auf einander zu Stande kommt, so muss diese Empfindungsweise, ebensogut wie jede andere, im Gehirn, im Centralapparat für das Sehen, den wir, der leichteren Bezeichnung halber, centrale Retina genannt haben, gesucht werden. Hält man nun die gegenwärtige Hypothese fest, so muss man annehmen, dass jeder empfindende Punkt der centralen Retina für eine bestimmte Augenstellung zwei verschiedene Richtungsempfindungen habe, den Richtungen der Projectionslinien der demselben angehörigen Netzhautpunkte entsprechend. Die Beziehungen dieser Richtungsempfindungen zum äusseren Raume müssen sich aber ferner wie die Richtung der Projectionslinien selbst mit der Augenstellung ändern, so dass unzählige Richtungsempfindungen für jeden empfindenden Hirnpunkt möglich sein müssen, zu gleicher Zeit aber beim binoculären Sehen zwei, und nur zwei. Will man die gegenwärtige Hypothese auch hier consequent durchführen, so muss man ferner annehmen, dass die Richtungsempfindungen erst durch ihre Beziehung auf einander zu bestimmten, und bezüglich der Tiefe oder des relativen Abstandes fixirten Ortsempfindungen oder zur Empfindung der binoculären Parallaxe werden. Weiter lässt sich aber hier diese Hypothese nicht verfolgen, da unsere Kenntniss über den Ursprung der den einzelnen Netzhautpunkten entsprechenden Fasern im Hirn, und über die gegenseitige Anordnung der hieher gehörigen mikroskopischen Elemente so überaus gering ist, dass ein jeder Versuch, dies mit dem feineren Bau in Zusammenhang zu bringen, von vornherein unmöglich ist, selbst abgesehen davon, dass wir über die Art der Beziehung der Seele oder des empfindenden Bewusstseins zu den Nervenelementen durchaus Nichts wissen.

Was endlich das Einfachsehen bei Erregungen solcher Netzhautpunkte betrifft, welche in den correspondirenden Empfindungskreisen der Netzhäute eine excentrische Lage einnehmen, oder welche von den gewöhnlich sogenannten correspondirenden Netzhautpunkten um eine gewisse kleine Grösse entfernt liegen, so wissen wir darüber eben so wenig, als über die nähere anatomische Bedingung für das Verschmelzen der Erregungen der Mittelpunkte zweier correspondirender Empfindungskreise (oder der gewöhnlich sogenannten correspondirenden Netzhautpunkte) zur einheitlichen Empfindung. Nimmt man aber an, dass die Nervenzellen der centralen Retina Träger der Empfindungen seien, so könnte man hier an eigenthümliche anastomosirende Verbindungen benachbarter Zellen mit einander denken, oder aber man könnte sich vorstellen, dass besondere Anastomosen, etwa die *fibr. arcuat. ant.* des Chiasma eine Verbindung der correspondirenden Netzhautstellen zuwege brächten.

Wenn ich mich in vorliegender Arbeit vielfach genöthigt gesehen habe, zu weit gehende Anwendungen der psychischen Thätigkeiten zur Erklärung der Wahrnehmungen beim binoculären Sehen zurückzuweisen, so muss ich mich doch nochmals ausdrücklich dagegen verwahren, als hätte ich die Meinung vertreten wollen, dass den psychischen Momenten kein sehr wesentlicher Einfluss auf die Wahrnehmungen beim binoculären Sehen, wie beim Sehen überhaupt, zuzuschreiben sei. Nur gegen vermeintlichen Missbrauch der psychischen Erklärungen, und gegen Uebergriffe derselben in das der reinen Sinnlichkeit zu vindicirende Gebiet, habe ich mich ausgesprochen. Hierbei weiss ich recht wohl, dass ich einer gegenwärtig von vielen ausgezeichneten Forschern beliebten Auffassungsweise entgegentrete; das hat mich aber nicht abhalten dürfen, meine durch Thatsachen begründeten Meinungen auszusprechen, da es mir der Forschung hinderlich schien, dass die elastischen psychischen Erklärungen in der Physiologie des Sehens fast überall vorgeschoben wurden, wo sich besondere Schwierigkeiten darboten; es werden nämlich diese Schwierigkeiten nicht durch diese psychischen Erklärungen gehoben, sondern nur auf ein, der weiteren physiologischen Forschung fast ganz unzugängliches Gebiet hinübergespielt.

Resumé.

Die hauptsächlichsten Ergebnisse der in dieser Arbeit mitgetheilten Untersuchungen lassen sich in folgenden Sätzen zusammenfassen:

1) Die Augenstellung beim Sehen mit zwei Augen wird nur zum Theil von psychischen Momenten bestimmt. Zu diesen gehört auch die sogenannte Scheu vor Doppelbildern, indem die Unannehmlichkeit, die oft, aber nicht immer, beim Auftreten von Doppelbildern empfunden wird, von dem Wunsche und Bestreben, sachgemäss zu sehen, herrührt. Der eigenthümliche Sinnesreiz der Doppelbilder ist, ohne dies Bestreben, an und für sich, nichts weniger als unangenehm, wenn er gleich (wie bei einem Feuerwerk) als starker Reiz ermüdend ist. Zum Theil aber ist die Einstellung der Augenachsen von einem rein sinnlichen Momente abhängig, das als Reflexaction dem Sehacte immanent ist. Dasselbe gibt sich a) dadurch kund, dass die von Licht afficirten Augen, wenn sie nicht einen bestimmten Gegenstand fixiren, eine individuell bestimmte Stellung einnehmen, die von derjenigen der wie zum Schlafen geschlossenen Augen abweicht, und welche beim Sehen unter allen Augenstellungen die bequemste ist. Ich habe dieselbe die natürliche Augenstellung genannt. Es giebt sich ferner b) dadurch kund, dass zwei einander entsprechende Contouren, welche beiden Augen dargeboten werden, innerhalb gewisser Grenzen die Augenstellung dominiren, indem sie zum Fixiren und dadurch zum einheitlich Sehen zwingen,

vorausgesetzt, dass die Contouren zur Querachse der Augen eine senkrechte oder schräge Stellung einnehmen, dass sie deutlich und einander ähnlich sind. — Eine Einstellung der Augen für einander entsprechende Contouren, welche eine ungleiche Thätigkeit der *Mm. recti sup.* und *inf.* erfordert, oder welche die Rotation des Bulbus durch die *Mm. obliqui* voraussetzt, ist, freilich nur in sehr beschränktem Maasse, möglich.

2) Die Contouren mit der ihnen zunächst angrenzenden Grundfärbung verhalten sich beim Sehen mit zwei Augen, sowohl als beim Sehen mit einem Auge als Sinnesreize von ausserordentlicher Stärke, die sich vom einfachen Licht- oder Farbenreize wesentlich verschieden verhalten.

3) Beim Sehen mit zwei Augen findet eine gegenseitige Einwirkung der beiderseitigen Netzhauterregungen beider Augen statt, durch welche ein eigenthümliches, mit theilweiser Verschmelzung der Eindrücke verbundenes, mosaikartiges Eintragen des Inhalts beider Netzhautbilder in das gemeinschaftliche Gesichtsfeld erfolgt. Bei dieser eigenthümlichen mosaikartigen Eintragung sind besonders folgende Umstände bemerkenswerth:

a) Contouren beider Netzhautbilder, die einander weder kreuzen noch berühren, machen sich beim Sehen mit zwei Augen auf Kosten der gleichmässig gefärbten Flächen geltend. Insofern die Contouren beider Sehfelder sich im Sammelbilde in dieser Weise verhalten, findet eine einfache und unveränderte mosaikartige Eintragung der Contouren beider Netzhautbilder in das gemeinschaftliche Gesichtsfeld statt.

b) Ausser den Contouren mit der ihnen eigenthümlichen Färbung kommt auch die denselben zunächst anliegende Grundfärbung beider Netzhautbilder im gemeinschaftlichen Gesichtsfelde zur Geltung, und zwar in um so grösserem Umfange, je grösser der Farbencontrast oder die Empfindlichkeit der Netzhäute ist.

c) Verschiedene Contouren beider Sehfelder, die einander im gemeinschaftlichen Gesichtsfelde kreuzen oder berühren, stören einander durch abwechselndes Hervortreten der Contouren mit ihrer anliegenden Grundfärbung des einen, und des anderen Bildes, und zwar werden unter sonst gleichen Umständen dicke Contouren durch dünne stärker gestört als umgekehrt.

d) Wenn zwei der Form nach einander gleiche, aber verschieden gefärbte Contouren einander im gemeinschaftlichen Gesichtsfelde decken, so tritt eine unruhig abwechselnde Farbenmischung auf, in der jedoch die beiden Componenten sich gewöhnlich nicht gleichmässig verhalten. Man kann drei Fälle unterscheiden: 1) Bisweilen dominirt die eine Farbe absolut und bleibend über die andere; dann kann man die Mischfarbe leicht übersehen, sie ist aber doch vorhanden. 2) Bisweilen ist die Farbenmischung deutlich und bleibend zu erkennen, dann tritt aber gewöhnlich doch bald der eine, bald der andere Component stärker hervor. 3) Bisweilen endlich tritt abwechselnd die eine und die andere Farbe in so unruhigem Wechsel hervor, dass die Mischfarbe sehr leicht ganz übersehen wird; sie ist dann am deutlichsten vorübergehend, beim Uebergang der einen Farbe in die andere, wahrnehmbar. Die Mischfarbe fehlt kaum jemals, wenn man die ursprüngliche Farbe gleichzeitig mit der im gemeinschaftlichen Gesichtsfelde wahrgenommenen vergleichen kann.

4) Die nach den angeführten gesetzmässigen Regeln erfolgende eigenthümliche, mit theilweiser Verschmelzung der Eindrücke verbundene, mosaikartige Ausfüllung des gemeinschaftlichen Gesichtsfeldes, entsteht weder wesentlich aus irgend welchen psychischen Ursachen, Aufmerksamkeit, Phantasie oder dergleichen, noch durch eine besondere Scheu vor Doppelbildern, noch durch eine abwechselnde Erlahmung der beiden Netzhäute in ihrer Totalität, sondern

durch ganz eigenthümliche Empfindungsweisen oder Sinnesenergien, welche aus der gleichzeitigen Einwirkung der Erregungen einander entsprechender Stellen der Netzhäute auf das Centralorgan des Sehens (im Gehirn) hervorgehen.

5) Die Ursache der Unmöglichkeit, Doppelbilder solcher Contouren wahrzunehmen, welche beim Sehen mit zwei Augen beinahe, aber nicht ganz correspondirende Netzhautstellen (im bisher gewöhnlichen Sinne) treffen, ist weder in oscillirenden Veränderungen der Convergenzwinkel der Augenachsen, noch in Accommodationsveränderungen, noch in irgend welchen psychischen Momenten (Aufmerksamkeit oder Phantasie) zu suchen. Die einheitliche Erscheinung wird hingegen durch eine ganz eigenthümliche Empfindungsweise hervorgebracht, welche durch Wechselwirkung der beiderseitigen Nervenerregungen im Centralorgan des Sehens (im Hirn) gesetzt wird, und welche nicht mit den im ersten Capitel besprochenen Sinnesenergieen in unmittelbarem Zusammenhange zu stehen scheint. Man kann dieselben näher bezeichnen, indem man sagt, dass jeder empfindende Netzhautpunkt des einen Auges einen correspondirenden Empfindungskreis im anderen Auge hat, der mit jenem zusammen eine einheitliche Empfindung vermittelt. Die horizontale Ausdehnung dieser correspondirenden Empfindungskreise der Netzhäute übertrifft den Durchmesser der Zäpfchen der Netzhaut um 10- bis 20mal, und ist 17- bis 34mal grösser, als der Abstand, in welchem zwei schwarze parallele Linien auf weissem Grunde noch als doppelt erkannt werden können.

6) Die eigenthümliche Wahrnehmung der Tiefe oder des Körperlichen beim Sehen mit zwei Augen, die in der Weise nicht beim Sehen mit einem Auge möglich ist, setzt voraus, dass von wenigstens zwei senkrechten oder schrägen Linien des einen Sehfeldes, wenigstens die eine mit einer einigermaassen gleichlaufenden, ähnlichen, senkrechten oder schrägen Linie des anderen Sehfeldes im Sammelbilde des gemeinschaftlichen Gesichtsfeldes zur Deckung kommt. Weder verschiedene Stärke der Contouren, noch Verstärkung oder Nichtverstärkung derselben durch Deckung beim binoculären Sehen, bestimmt die scheinbare Lagerung eines Bildtheils im Vordergrunde oder Hintergrunde des gemeinschaftlichen Gesichtsfeldes, sondern nur der Unterschied des seitlichen Abstandes der Contouren, welche durch Sehen mit zwei Augen zu einander in Beziehung gebracht werden. Die Ursache der eigenthümlichen Wahrnehmung der Tiefe beim binoculären Sehen ist weder unmittelbar in den psychischen Thätigkeiten, noch im Muskelgefühl bei der Thätigkeit der Augenmuskeln und des Accommodationsapparates abhängig, noch endlich von der nebelhaften Erscheinung der Doppelbilder, sondern von einer specifischen, dem binoculären Sehacte immanenten Sinnesenergie. Diese steht in nächstem Zusammenhange mit der angeborenen Fähigkeit, nach der Richtung der Projectionslinien zu empfinden, und vermittelt Ortsempfindungen von den Punkten, wo die den zusammengehörigen Contouren zukommenden Projectionslinien im äusseren Raume zusammenstossen, indem die eine Projectionslinie der Contour gleichsam den Hintergrund bildet, auf welchen die andere Projectionslinie der entsprechenden Contour des anderen Auges bezogen oder projicirt wird. Durch welche Anordnung und Qualität der Nervenelemente des centralen Opticusgebietes wir in den Stand gesetzt werden, in dieser specifischen Weise nach Richtung der Projectionslinien zu empfinden, und durch eine Wechselwirkung der durch die Contouren beider Netzhäute gesetzten Erregungen, dieselben bezüglich der Lage in der Tiefe, so zu empfinden, wie wir sie empfinden, darüber wissen wir ebenso wenig, als z. B. bezüglich der Art und Weise, wie die Farbenempfindung zu Stande kommt.

Inhalt.

Vorwort.
Einleitung . . . . Seite 1 bis 3

Erste Abtheilung.
Erstes Capitel. Kurze Darstellung der bereits bekannten Erscheinungen und ihrer Erklärungsversuche . . . . „ 4 „ 12
Zweites Capitel. Zweifel an der Richtigkeit der gangbaren psychischen Erklärungsversuche „ 13 „ 16

Zweite Abtheilung. Experimentelle Analyse des gemeinschaftlichen Gesichtsfeldes.
Erstes Capitel. Die mosaikartige Ausfüllung des gemeinschaftlichen Gesichtsfeldes durch verschiedene Contouren beider Netzhautbilder, ohne Rücksicht auf die Doppelbilder und auf die Dimension der Tiefe.
    A. Beobachtungen und Thatsachen . . . . 17 „ 42
    B. Rückblick und Zusammenstellung . . . . 42 „ 51
Zweites Capitel. Die Bedingungen und Ursachen des Einfachsehens von Contouren, welche nicht correspondirende Netzhautpunkte beider Augen treffen.
    A. Beobachtungen und Thatsachen . . . . „ 52 „ 59
    B. Rückblick und Zusammenstellung . . . . „ 59 „ 63
Drittes Capitel. Die Bedingungen und Ursachen der eigenthümlichen Empfindung der Tiefe beim Sehen mit zwei Augen.
    A. Beobachtungen und Thatsachen . . . . „ 63 „ 82
    B. Rückblick und Zusammenstellung . . . . „ 82 „ 88
Schlusswort . . . . „ 89 „ 92
Resumé . . . . „ 92 „ 94